멘사퍼즐 숫자게임

THE MENSA NUMBER PUZZLE BOOK

MENSA
멘사퍼즐 숫자게임
PUZZLE

브리티시 멘사 지음

보누스

내 안에 잠든 천재성을 깨워라

높은 지능지수를 가진 사람들을 위한 최초의 조직인 멘사는 수십 년 동안 전 세계에서 가장 똑똑한 사람들을 모아왔다. 멘사 회원의 유일한 자격 요건은 표준 IQ 테스트에서 상위 2% 이상의 점수를 받는 것이다. 멘사(Mensa)라는 이름에는 평등주의를 지향하는 정신이 담겨 있다. 멘사는 라틴어로 '원형 탁자'를 의미하며, 나이, 성별, 인종, 지위에 상관없이 모두가 동등한 위치에 있음을 뜻한다. 물론 멘사는 실제로도 모든 면에서 비정치적이고, 비종교적이며, 비차별적이다.

현재 전 세계에는 14만여 명의 멘사 회원들이 있다. 50개 이상의 나라에 멘사 지부가 설립되어 있고, 국제멘사는 지구 전체를 덮고 있는 우산 역할을 한다. 회원국이 없는 유일한 대륙은 남극뿐이다. 브리티시 멘사에 가입한 최연소 회원은 영국의 엘리스 탄로베르츠(Elise Tan-Roberts)로, 불과 2년 4개월의 나이로 멘사 회원(Mensan)이 되었다. 최연장자는 103세다. 그는 90대가 되어서야 멘사에 합류했다.

멘사 회원은 학교에서 높은 성과를 거두지 못한 사람들부터 다수의 박사 학위를 가진 교수에 이르기까지 다양하다. 프로그래머, 트럭 운전사, 예술가, 농부, 군인, 음악가, 소방수, 모델, 과학자, 건설업자, 작가, 어부, 회계사, 권투 선수, 경찰까지 모든 직종에 멘사 회원이 존재한다. 직업은

4

아무런 문제가 되지 않는다.

　멘사는 지능이 무엇인지, 지능을 어떻게 육성할 것인지, 나아가 지능을 어떻게 활용할 수 있는지에 관한 방법을 연구한다. 비영리 단체로서 재능 있는 아이들을 위한 프로그램을 통해 읽고 쓰는 능력을 높이고 교육에 접근성을 높이는 일에 참여하고 있다. 멘사 재단은 정기적으로 과학 학술지를 발간한다.

　멘사는 회원들을 위해 국내외를 넘나드는 많은 행사를 개최한다. 공식적인 파티부터 다양한 강연, 관광, 식사 모임, 영화의 밤, 극장 또는 게임에 이르기까지 전 세계의 크고 작은 도시에서 정기적으로 수많은 지역 회의가 열린다. 몇몇 대도시에서는 상시 행사가 있다. 각 나라의 멘사 단체들은 워크숍, 연설자, 댄스 파티, 게임, 어린이 행사 등 화려한 연례 모임은 물론 나라 전체 규모의 모임을 주선한다. 브리티시 멘사의 〈멘사 매거진〉과 아메리칸 멘사의 〈멘사 불러틴〉과 같은 월간 멘사 회원 잡지를 발행하기도 한다.

　멘사 내부에는 같은 관심사를 지닌 회원들끼리의 동호회인 시그(SIG, Special Interest Group)가 있다. 일상적인 것에서부터 아직 밝혀진 바 없는 미지의 것에 이르기까지, 상상할 수 있는 모든 종류의 주제를 다룬다. 시그는 정기적으로 잡지를 발행하거나 회의를 조직하고, 토론거리를 제공한다. 만일 당신의 관심사와 일치하는 시그를 찾을 수 없다면, 언제든 직접 만들 수도 있다.

　멘사는 세계적 규모의 친목 단체로서 당신이 원하는 만큼 삶의 일부분이 될 수 있다. 어떤 회원에게 이 조직은 친구들로 가득 찬 가족이다. 멘사 회원끼리 결혼도 이루어지고 있다. 어떤 회원에게는 단지 약간의 관심만 있는 단체일지도 모른다. 멘사에 어떤 방식으로 참여하든 괜찮다. 우린 모두 평등하다. 이 '평등'의 정신을 꼭 기억하길 바란다.

멘사는 모든 회원이 두뇌를 적극적으로 활용하도록 권장한다. 두뇌 트레이닝은 단지 재미만 주는 것이 아니라, 정신을 건강하게 유지하는 데 도움이 된다. 우리는 지난 10년간의 연구로 규칙적인 퍼즐 해결과 사회적 상호작용이 알츠하이머병을 예방하는 데 큰 도움을 준다는 것을 확실하게 밝혀냈다. 인간의 두뇌는 우리가 일생 동안 뇌를 사용하는 방식, 즉 신경성이라고 불리는 원리에 반응한다. 따라서 두뇌를 활용해 어떤 문제에 도전할수록 우리의 능력은 점점 강해질 것이다.

퍼즐을 풀고 까다로운 질문에 대답하는 것은 인간의 가장 기본적인 본능이다. 전 세계의 모든 문화에서 퍼즐, 게임, 수수께끼들을 찾아낼 수 있는데, 그때마다 고고학적·역사적으로 의미 있는 유산도 얻을 수 있다.

멘사에서는 사람이 가장 중요하다. 멘사 회원들은 멘사에 원하는 것을 마음껏 가져갈 수 있고 원하지 않는 것을 무시할 권리가 있다. 멘사를 위해 당신이 존재하는 것이 아니다. 멘사는 전적으로 당신을 위해 존재한다.

《멘사퍼즐 숫자게임》에서 퍼즐의 세계를 제대로 맛볼 수 있는 수백 가지의 퍼즐을 만나보자! 간단한 수학적 계산만으로 답이 나오는 퍼즐도 있지만, 다른 퍼즐들 대부분은 해답에 도달하려면 다양한 방법을 동원한 논리적 사고 과정을 거쳐야 한다.

책 속에는 브리티시 멘사의 퍼즐 전문가가 정교하게 제작한 퍼즐들이 가득하다. 퍼즐은 주로 논리적·수학적 사고력을 통해 해결할 수 있으며, 여러분의 종합적인 문제해결력을 시험하는 기회를 제공한다. 퍼즐을 풀면서 당신은 어떤 유형은 쉽지만 어떤 유형은 특히 어렵다고 느낄 것이다. 우리 모두는 각자 뛰어난 능력과 분야가 다르므로 이를 느끼는 영역도 사람마다 완전히 다르다. 두뇌의 강점과 약점을 파악하는 동시에 강점은 살리고 약점은 보완하는 두뇌 트레이닝의 기회가 될 것이다.

그러나 한 가지 명심할 점은, 이 책은 가혹한 시험이 아니라는 것이다. 퍼즐은 두뇌 트레이닝인 동시에 두뇌 유희다. 난해한 과제를 해결하며 지금껏 경험하지 못한 커다란 희열을 만끽해 보자. 펜과 종이를 무기 삼아 퍼즐이라는 모험에 나서는 것이다!

브리티시 멘사

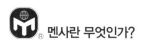 멘사란 무엇인가?

멘사란 '탁자'를 뜻하는 라틴어로, 지능지수 상위 2% 이내(IQ 148 이상)의 사람만 가입할 수 있는 천재들의 모임이다. 1946년 영국에서 창설되어 현재 100여 개국 이상에 14만여 명의 회원이 있다. 멘사의 목적은 다음과 같다.

- 첫째, 인류의 이익을 위해 인간의 지능을 탐구하고 배양한다.
- 둘째, 지능의 본질과 특징, 활용처 연구에 힘쓴다.
- 셋째, 회원들에게 지적·사회적으로 자극이 될 만한 환경을 마련한다.

IQ 점수가 전체 인구의 상위 2%에 해당하는 사람은 누구든 멘사 회원이 될 수 있다. 우리가 찾고 있는 '50명 가운데 한 명'이 혹시 당신은 아닌지?

멘사 회원이 되면 다음과 같은 혜택을 누릴 수 있다.

- 국내외의 네트워크 활동과 친목 활동
- 예술에서 동물학에 이르는 각종 취미 모임
- 매달 발행되는 회원용 잡지와 해당 지역의 소식지
- 게임 경시대회, 친목 도모 등을 위한 지역 모임
- 주말마다 열리는 국내외 모임과 회의
- 지적 자극에 도움이 되는 각종 강의와 세미나
- 여행객을 위한 세계적인 네트워크인 'SIGHT' 이용 가능

차 례

MENSA PUZZLE

문 제

원으로 이루어진 바퀴 A, B가 있다. 원 안에 적힌 숫자들 사이에는 일정한 규칙이 있다. 바퀴 B 가운데의 물음표 자리에 들어갈 숫자는 무엇일까?

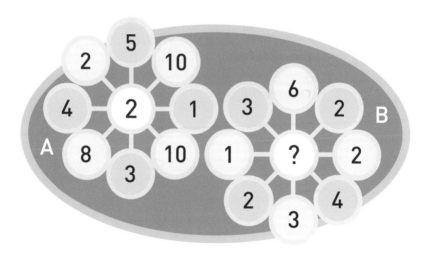

알파벳과 숫자가 일정한 규칙에 따라 배치되어 있다. 물음표 자리에 들어갈 숫자는 무엇일까?

A	B	C	D	E	F	G	H	I	J
9	3	8	7	8	9	2	8	5	7
1	2	1	5	?	7	1	0	1	2
K	L	M	N	O	P	Q	R	S	T

003

숫자를 보고 규칙에 맞도록 문제에 선을 그어보자. 숫자는 인접한 네 점을 잇는 선의 개수를 나타낸다. 단, 선을 그어 완성된 도형은 하나의 폐쇄된 모양을 이루어야 하며, 대각선으로 선을 그을 수는 없다. 선을 어떻게 그어야 할까?

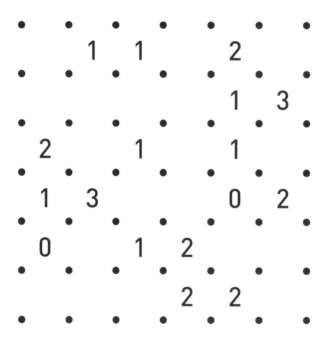

조건에 맞는 두 숫자를 찾는 문제다. 첫 번째 숫자의 제곱에 두 번째 숫자를 더한 수를 A라 하고, 두 번째 수의 제곱에 첫 번째 숫자를 더한 수를 B라 할 때, A+B=238이 되는 두 숫자는 무엇일까?

238

빈칸에 알맞은 숫자와 부호를 넣어보자. 줄 바깥에 있는 숫자는 그 줄의 수식을 모두 계산한 값이다. 기존의 사칙연산 계산 순서는 고려하지 않고 가로줄은 왼쪽부터, 세로줄은 위부터 순서대로 계산한다. 부호는 +와 -, ×만 사용할 수 있으며, 숫자는 이미 칸에 채워진 네 가지만 사용할 수 있다. 숫자나 부호가 연달아 나올 수는 없다. 각 빈칸에 들어갈 숫자 또는 부호는 무엇일까?

3	×	4	-	8	+	1	5
							8
							24
							34

28   48   13   15

숫자와 원이 일정한 규칙에 따라 배치되어 있다. 물음표 자리에 들어갈
칸은 어떤 모습일까?

			3		2
1		1		3	
			?	1	2
4				1	
	1	3			1
	4	1			

숫자를 보고 숨은 지뢰들을 찾아 표시해 보자. 숫자는 상하좌우 및 대각선 한 칸 이내에 있는 지뢰의 개수를 나타낸다. 지뢰들은 각각 어느 칸에, 몇 개나 있을까?

	2				1	1	
	2	1		2			
		1		1			1
		3				3	3
	4				1		
		2		2			
	1		3		1	0	

이정표에 세계의 유명 도시 이름이 적혀 있다. 각 도시의 이름과 거리에
는 일정한 규칙이 있다. 이정표에 적힌 워싱턴까지의 거리는 얼마일까?

009

다음 표에는 상하좌우 또는 대각선 방향으로 나란히 적힌 23224가 딱한 군데 있다. 어디에 있을까?

4	2	2	3	4	4	4	4	3	4	4	4
4	4	3	4	2	2	2	2	2	2	2	2
2	3	2	2	3	3	3	2	4	3	3	3
3	2	3	2	2	3	2	2	2	2	2	2
3	4	3	2	2	2	4	3	2	2	4	2
3	3	2	2	3	3	4	2	2	3	2	2
4	3	2	2	2	2	3	3	2	2	3	3
2	4	3	3	4	3	2	2	3	4	3	4
3	4	4	4	2	2	3	3	2	2	2	2
4	2	2	2	3	3	3	2	4	3	3	3
2	4	3	2	4	4	4	4	2	2	2	2
3	2	3	2	2	3	4	3	3	2	3	4

주어진 숫자 블록을 사용해 모든 빈칸을 채워보자. 이때 각 가로줄과 세로줄에 들어갈 숫자는 서로 같아야 한다. 예를 들어 첫 번째 가로줄의 숫자가 1-2-3-4-5라면 첫 번째 세로줄의 숫자도 1-2-3-4-5여야 한다. 숫자 블록은 뒤집거나 회전할 수 없으며 지금 놓인 모양 그대로 사용해야 한다. 숫자 블록을 어떻게 배치해야 할까?

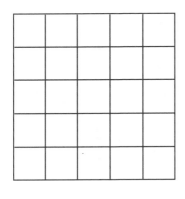

원으로 이루어진 바퀴 A, B가 있다. 원 안에 적힌 숫자들 사이에는 일정한 규칙이 있다. 바퀴 A와 B 가운데의 물음표 자리에 들어갈 두 숫자는 각각 무엇일까?

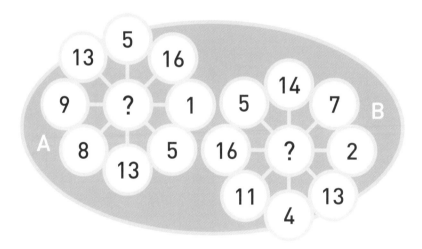

각 줄 끝에 숫자들이 적혀 있다. 숫자는 그 줄에 색칠해야 하는 칸의 개수를 의미한다. 숫자가 두 개 이상인 경우, 색칠할 칸이 한 칸 이상 떨어져 있다는 뜻이다. 예를 들어 2, 3이라면 두 칸을 색칠한 다음, 한 칸 이상 떨어진 곳에 다시 세 칸을 색칠해야 한다. 규칙에 맞게 색을 칠하면 어떤 그림이 나타난다. 무엇을 나타내는 그림일까?

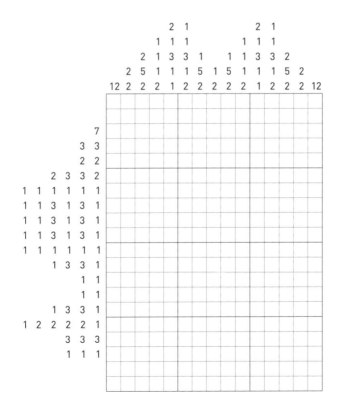

맨 왼쪽 위 1에서 시작해 맨 오른쪽 아래 1로 가는 길을 찾아야 한다. 길을 지나면서 모든 숫자를 한 번씩 만나야 하며, 길이 겹치거나 교차해서는 안 된다. 대각선으로는 이동할 수 있지만 숫자를 뛰어넘을 수는 없다. 또한 반드시 오름차순으로 이동해야 한다. 예를 들면 1-2-3-4-1-2-3-4와 같은 식이다. 길을 어떻게 지나야 할까?

1	2	3	4	3	4	1
2	4	1	1	1	2	2
3	4	4	3	2	4	3
1	3	2	1	1	3	4
2	4	1	4	2	1	3
4	3	3	2	3	2	4
1	2	3	4	1	2	1

답 : 216쪽

빈칸에 숫자를 채워보자. 숫자는 이미 채워진 숫자를 포함해 1부터 16까지 중복 없이 한 번씩만 들어갈 수 있다. 각 가로줄과 세로줄, 가장 긴 대각선의 숫자를 더한 값은 각각 34로 같아야 한다. 숫자를 어떻게 채워야 할까?

2	1		
		3	
			9

맨 왼쪽 아래 57에서 시작해 맨 오른쪽 위 54까지 화살표를 따라 이동한다. 지나갈 때 만나는 숫자가 있다면 그 숫자들을 모두 더한다. 만약 파란색 점의 값이 −23이라면, 도착했을 때의 값이 188이 되는 길은 몇 가지일까?

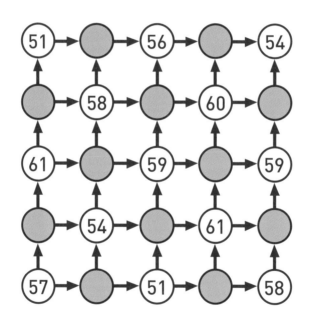

당신은 다음과 같은 표적에 화살 4발을 쏴서 75점을 득점했다. 화살 4발로 75점을 얻는 방법은 모두 몇 가지일까? 단, 순서가 다른 같은 숫자 조합은 고려하지 않으며, 빗나간 화살은 없다고 가정한다.

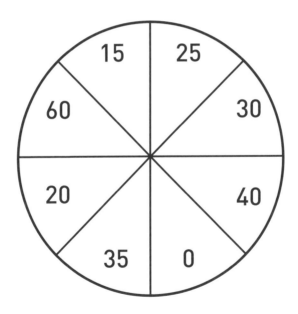

432 다음에 이어질 세 숫자를 빈칸에 넣어 여섯 자리 숫자 여섯 개를 만들어 보자. 만들어진 여섯 자리 숫자는 모두 151로 나누어떨어진다. 각 빈칸에 들어갈 숫자는 무엇일까?

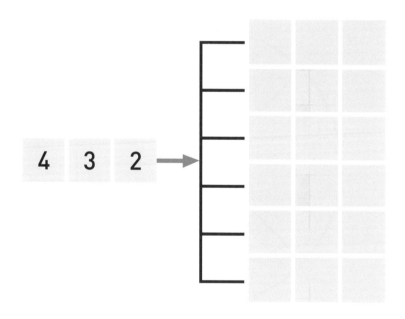

빈칸에 알맞은 숫자와 부호를 넣어보자. 줄 바깥에 있는 숫자는 그 줄의 수식을 모두 계산한 값이다. 기존의 사칙연산 계산 순서는 고려하지 않고 가로줄은 왼쪽부터, 세로줄은 위부터 순서대로 계산한다. 부호는 +와 -, ×만 사용할 수 있으며, 숫자는 이미 칸에 채워진 네 가지만 사용할 수 있다. 숫자나 부호가 연달아 나올 수는 없다. 각 빈칸에 들어갈 숫자 또는 부호는 무엇일까?

8	+	5	−	3	×	6	60
							27
							5
							17
55		43		58		23	

답: 216쪽

가장 바깥쪽에 있는 네 칸 중 하나에서 시작해 길을 따라 숫자를 4개 더 지날 때까지 이동한다. 길을 지나며 만나는 다섯 숫자를 모두 더했을 때, 가능한 가장 높은 점수는 몇 점일까?

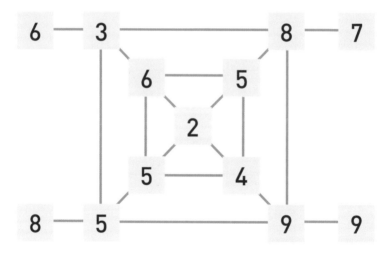

두 행성 A와 B, 그리고 태양이 나란히 있다. 행성 B는 12년마다 태양을 한 바퀴 돈다. 행성 A는 태양을 한 바퀴 도는 데 3년이 걸린다. 그림을 참고해 보자. 두 행성 모두 시계 방향으로 움직인다고 했을 때, 지금 이후로 두 행성이 다시 태양과 함께 나란히 있게 되는 때는 언제일까?

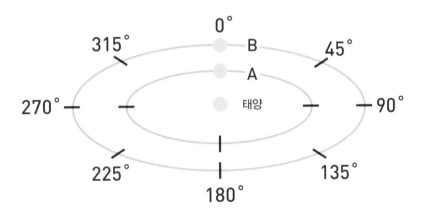

도형에 숫자들이 일정한 규칙에 따라 배치되어 있다. 숫자들이 이루는 규칙을 찾아보자. 물음표 자리에 들어갈 숫자는 무엇일까?

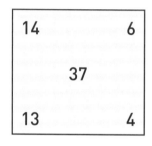

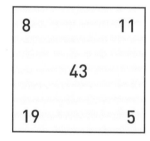

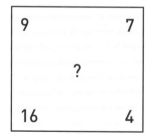

맨 왼쪽 위 1에서 시작해 맨 오른쪽 아래 1로 가는 길을 찾아야 한다. 길을 지나면서 모든 숫자를 한 번씩 만나야 하며, 길이 겹치거나 교차해서는 안 된다. 대각선으로는 이동할 수 있지만 숫자를 뛰어넘을 수는 없다. 또한 반드시 오름차순으로 이동해야 한다. 예를 들면 1-2-3-4-1-2-3-4와 같은 식이다. 길을 어떻게 지나야 할까?

```
1  3  4  4  1  2  3  4  1
2  3  1  3  2  1  2  1  2
4  2  4  1  4  3  4  2  3
3  1  3  1  2  3  3  1  4
4  2  2  2  4  4  1  3  4
1  1  4  3  2  1  4  2  1
4  2  3  3  4  3  2  4  2
1  3  2  3  2  1  1  3  4
2  3  4  1  4  1  2  3  1
```

023

숫자와 알파벳이 일정한 규칙에 따라 배치되어 있다. 마지막 세 빈칸에
들어갈 알파벳은 무엇일까?

6	1	7	3
1	3	5	4
7	7	0	9

A	H	B

5	1	3	9
2	8	6	4
8	6	2	6

F	B	C

2	2	9	2
4	3	0	9
7	1	7	8

답 : 217쪽

다음 조건에 알맞은 여섯 자리 숫자는 무엇일까?

조건

처음 세 자리와 마지막 세 자리를 뺀 값은 665다.

숫자 중 1이 있고, 그 왼쪽에 3이 있다.

숫자 중 0이 있다.

숫자 중 9가 있고, 그 오른쪽에 7이 있다.

숫자 중 3이 있고, 그 왼쪽에 5가 있다.

025

바퀴 A와 B의 원 안에 적힌 숫자에는 각각 일정한 규칙이 있다. 물음표
자리에 들어갈 두 숫자는 무엇일까?

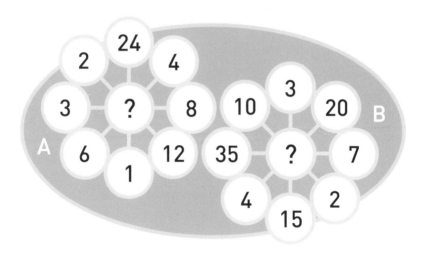

숫자 1~5만 사용해 모든 빈칸을 채워보자. 이때 칸 사이에 있는 부등호 관계를 만족해야 하며, 각 가로줄과 세로줄에는 같은 숫자가 한 번씩만 들어가야 한다. 빈칸을 어떻게 채워야 할까?

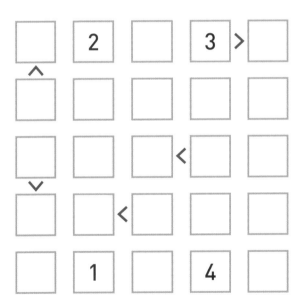

027

물음표 자리를 채워서 식을 완성해 보자. 기존의 사칙연산 계산 순서는 고려하지 않고 왼쪽부터 순서대로 계산한다. 물음표 자리에 들어갈 사칙 연산 부호(+, −, ×, ÷)는 각각 무엇일까?

$$16 ? 2 ? 3 ? 1 = 6$$

모든 가로줄과 세로줄, 가장 긴 두 대각선에 숫자 1~6이 하나씩 들어가
도록 빈칸을 채워보자. 각 빈칸에 들어갈 숫자는 무엇일까?

	5		6	4	3
4					5
6					
		6	1	5	
1	2	4		3	
		2			

숫자를 보고 규칙에 맞도록 문제에 선을 그어보자. 숫자는 인접한 네 점을 잇는 선의 개수를 나타낸다. 단, 선을 그어 완성된 도형은 하나의 폐쇄된 모양을 이루어야 하며, 대각선으로 선을 그을 수는 없다. 선을 어떻게 그어야 할까?

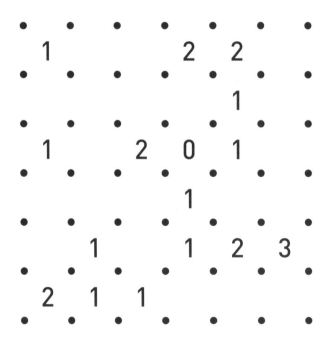

도형에 숫자들이 일정한 규칙에 따라 배치되어 있다. 숫자들이 이루는 규칙을 찾아보자. 물음표 자리에 들어갈 숫자는 무엇일까?

9   3   4   3

57   18

5   6   3   2

6   1   2   8

24   ?

9   2   3   1

숫자를 보고 숨은 지뢰들을 찾아 표시해 보자. 숫자는 상하좌우 및 대각
선 한 칸 이내에 있는 지뢰의 개수를 나타낸다. 지뢰들은 어느 칸에, 몇
개나 있을까?

		1			3		
2						2	
1			1			2	
1							
		2		1	3		3
	3					2	
			2		2	2	2
	1	2					

다음 공들을 규칙에 따라 재배치해야 한다. 주어진 규칙을 보고 물음표 자리를 채워보자. 공을 어떻게 배치해야 할까?

규칙

2번 공은 5번 공이나 4번 공과 닿지 않는다.

4번 공은 10번 공과는 닿지만 6번 공과는 닿지 않는다.

8번 공은 6번 공 바로 왼쪽에 있다.

맨 아랫줄에 있는 공의 번호를 모두 더하면 16이다.

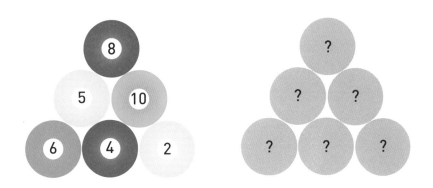

숫자와 알파벳이 일정한 규칙에 따라 배치되어 있다. 물음표 자리에 들어갈 알파벳은 무엇일까?

5	8	3	8			
9	9	8	2	Y	S	?
4	1	0	3			

나열된 숫자를 표에 채워보자. 숫자를 채울 때는 맨 왼쪽 위 칸부터 가로로 채워야 하며, 숫자를 어디서부터 시작할지는 자유롭게 정할 수 있지만 나열 순서는 바꿀 수 없다. 표 가운데 적힌 숫자는 그 자리에 채워야 할 숫자를 알려준다. 예를 들어 8번째로 들어갈 숫자는 4, 23번째로 들어갈 숫자는 1이 되어야 한다. 숫자를 어떻게 채워야 할까?

```
1 0 2 2 4 9 3 8 4 7 4 6 0 9 8 7 1 2 3 4 5 4 6 6 8 8 3 4 7 1 2 9 4 8 8 7 6 2 5 5 4 5
4 4 7 0 0 1 1 2 3 1 3 5 0 1 5 7 6 1 2 0 8 6 9 2 5 2 8 1 8 0 2 7 9 5 3 9 8 7 0 9 1 7
2 9 3 5 3 8 9 2 0 1 0 2 6 0 3 9 1 6 7 0 7 1 7 6 9 8 1 5 9 9 5 6 5 0 3 2 9 0 0 3 0 7
2 9 1 8 0 7 7 8 0 7 6 9 7 8 5 3 2 6 0 8 9 2 9 9 1 2 0 2 9 1 7 0 7 7 1 9 7 8 3 0 0 9
1 0 3 2 5 0 5 2 5 1 6 7 2 8 9 6 2 9 0 9 6 0 9 1 3 8 5 0 7 9 9 0 9 8 5 0 3 2 9 1 0 9
9 1 0 7 8 2 7 3 6 4 5 6 9 7 9 8 2 3 6 5 5 4 2 3 1 0 9 8 4 6 7 3 9 2 9 0 9 0 4 6 2 2
```

							4							
							1							
							8							
							9							
							1							
							6							
							0							
							8							
							1							
							2							
							9							
							2							

빈칸에 알맞은 숫자와 부호를 넣어보자. 줄 바깥에 있는 숫자는 그 줄의 수식을 모두 계산한 값이다. 기존의 사칙연산 계산 순서는 고려하지 않고 가로줄은 왼쪽부터, 세로줄은 위부터 순서대로 계산한다. 부호는 +와 -, ×만 사용할 수 있으며, 숫자는 이미 칸에 채워진 네 가지만 사용할 수 있다. 숫자나 부호가 연달아 나올 수는 없다. 각 빈칸에 들어갈 숫자 또는 부호는 무엇일까?

7	+	3	-	4	×	6	36
							15
							15
							28

19　　59　　15　　20

주어진 숫자 블록을 사용해 모든 빈칸을 채워보자. 이때 각 가로줄과 세로줄에 들어갈 숫자는 서로 같아야 한다. 예를 들어 첫 번째 가로줄의 숫자가 1-2-3-4-5라면 첫 번째 세로줄의 숫자도 1-2-3-4-5여야 한다. 숫자 블록은 뒤집거나 회전할 수 없으며 지금 놓인 모양 그대로 사용해야 한다. 숫자 블록을 어떻게 배치해야 할까?

금고를 열려면 'open' 버튼을 누르기 전에 모든 버튼을 올바른 순서로 눌러야 한다. 버튼을 누르면, 그 버튼이 가리키는 지시사항에 따라 다음 버튼을 누른다. 버튼에 적힌 숫자는 그 버튼을 기준으로 몇 칸 떨어져 있는지를, 알파벳은 방향(UP&DOWN, LEFT&RIGHT)의 첫 글자를 나타낸다. 예를 들어 1D 버튼을 누르면 그다음에는 한 칸 아래 있는 버튼을 눌러야 한다는 의미다. 금고를 열기 위해 첫 번째로 눌러야 하는 버튼은 무엇일까?

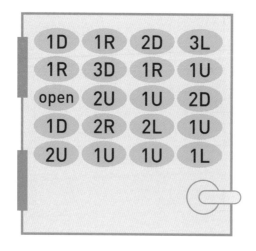

빈칸에 1~9 사이의 숫자를 채워보자. 삼각형 안에 적힌 숫자는 그 숫자가 속한 가로줄 또는 세로줄에 적힌 숫자의 합이다. 단, 가로 또는 세로로 연속되는 칸에는 같은 숫자가 두 번 들어갈 수 없다. 숫자를 어떻게 채워야 할까?

	14	7	33	18	23		29	24	11
16						21			
33						10＼35			
38									
		8＼19			17＼15			21	8
	44＼7								
6				15					
22				34					

맨 왼쪽 아래 33에서 시작해 맨 오른쪽 위 40까지 화살표를 따라 이동한다. 지나갈 때 만나는 숫자가 있다면 그 숫자들을 모두 더한다. 만약 파란색 점의 값이 −8이라면, 도착했을 때의 값이 155가 되는 길은 몇 가지일까?

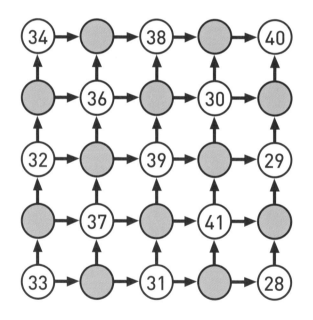

도형에 숫자들이 일정한 규칙에 따라 배치되어 있다. 숫자들이 이루는 규칙을 찾아보자. 물음표 자리에 들어갈 숫자는 무엇일까?

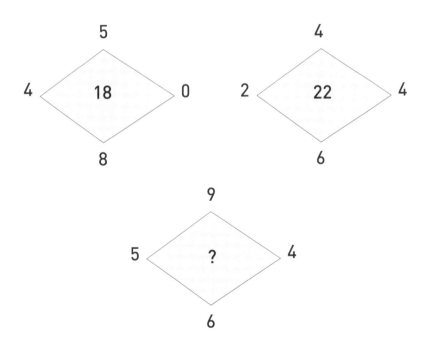

표에서 각 가로줄과 세로줄, 그리고 가장 긴 두 대각선에 들어갈 숫자의 총합은 모두 60으로 같다. 표에 이미 들어가 있는 네 숫자를 제외하고, 각각 다른 세 숫자만 사용해서 60을 만들려면 어떤 숫자를 넣어야 할까?

	4		5	
4				5
		12	7	7
	7	7	7	
7		7		7

맨 왼쪽 위 1에서 시작해 맨 오른쪽 아래 1로 가는 길을 찾아야 한다. 길을 지나면서 모든 숫자를 한 번씩 만나야 하며, 길이 겹치거나 교차해서는 안 된다. 대각선으로는 이동할 수 있지만 숫자를 뛰어넘을 수는 없다. 또한 반드시 오름차순으로 이동해야 한다. 예를 들면 1-2-3-4-1-2-3-4와 같은 식이다. 길을 어떻게 지나야 할까?

1	3	4	4	1	4	1	2	3
2	4	2	1	3	2	3	4	2
3	3	1	2	3	1	4	1	3
4	2	1	4	2	3	2	4	1
1	2	3	4	1	2	4	1	2
2	1	2	4	3	1	2	3	1
3	4	3	1	4	2	3	4	2
4	3	1	2	3	3	1	3	4
1	2	4	4	1	2	3	4	1

각 가로줄과 세로줄, 가장 긴 대각선을 더한 값이 모두 같은 숫자가 되도록 숫자를 채워야 한다. 이때 표에 적힌 모든 숫자는 반드시 연속되는 수여야 한다. 빈칸을 어떻게 채워야 할까?

		14
	11	
8		

각 줄 끝에 숫자들이 적혀 있다. 숫자는 그 줄에 색칠해야 하는 칸의 개수를 의미한다. 숫자가 두 개 이상인 경우, 색칠할 칸이 한 칸 이상 떨어져 있다는 뜻이다. 예를 들어 2, 3이라면 두 칸을 색칠한 다음, 한 칸 이상 떨어진 곳에 다시 세 칸을 색칠해야 한다. 규칙에 맞게 색을 칠하면 어떤 그림이 나타난다. 무엇을 나타내는 그림일까?

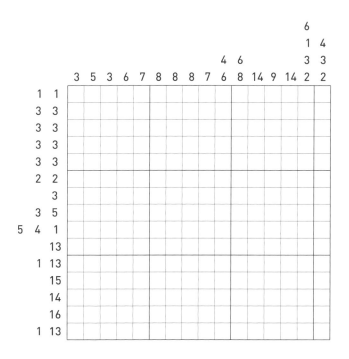

숫자를 보고 숨은 지뢰들을 찾아 표시해 보자. 숫자는 상하좌우 및 대각선 한 칸 이내에 있는 지뢰의 개수를 나타낸다. 지뢰들은 어느 칸에, 몇 개나 있을까?

		1	0		0		0
	2						1
2							1
		2		2			2
			2	1	3		
3		3					3
	2	1		1		3	
1					1		

주어진 숫자 블록을 사용해 모든 빈칸을 채워보자. 이때 각 가로줄과 세로줄에 들어갈 숫자는 서로 같아야 한다. 예를 들어 첫 번째 가로줄의 숫자가 1-2-3-4-5라면 첫 번째 세로줄의 숫자도 1-2-3-4-5여야 한다. 숫자 블록은 뒤집거나 회전할 수 없으며 지금 놓인 모양 그대로 사용해야 한다. 숫자 블록을 어떻게 배치해야 할까?

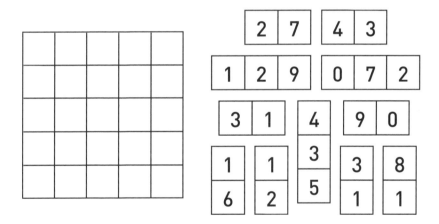

빈칸에 알맞은 숫자와 부호를 넣어보자. 줄 바깥에 있는 숫자는 그 줄의 수식을 모두 계산한 값이다. 기존의 사칙연산 계산 순서는 고려하지 않고 가로줄은 왼쪽부터, 세로줄은 위부터 순서대로 계산한다. 부호는 +와 -, ×만 사용할 수 있으며, 숫자는 이미 칸에 채워진 네 가지만 사용할 수 있다. 숫자나 부호가 연달아 나올 수는 없다. 각 빈칸에 들어갈 숫자 또는 부호는 무엇일까?

9	-	6	+	3	×	7	42
	▨		▨		▨		
							90
	▨		▨		▨		
							12
	▨		▨		▨		
							26
60		30		74		78	

다음 도형에서 각 조각에 있는 숫자의 합이 모두 같고, 각 동심원에 있는 숫자의 합이 모두 같도록 모든 빈칸을 채워보자. 단, 숫자는 이미 적혀 있는 숫자만 사용할 수 있다. 빈칸에는 각각 어떤 숫자가 들어가야 할까?

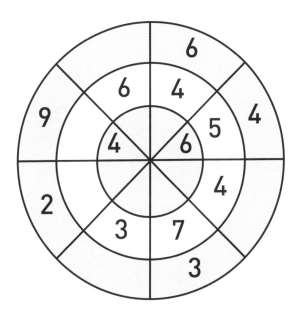

049

맨 왼쪽 위 1에서 시작해 맨 오른쪽 아래 1로 가는 길을 찾아야 한다. 길을 지나면서 모든 숫자를 한 번씩 만나야 하며, 길이 겹치거나 교차해서는 안 된다. 대각선으로는 이동할 수 있지만 숫자를 뛰어넘을 수는 없다. 또한 반드시 오름차순으로 이동해야 한다. 예를 들면 1-2-3-4-1-2-3-4와 같은 식이다. 길을 어떻게 지나야 할까?

1	1	2	4	1
3	2	4	3	2
4	1	2	3	3
4	3	3	2	4
1	2	4	1	1

원으로 이루어진 바퀴 A, B가 있다. 원 안에 적힌 숫자들 사이에는 일정한 규칙이 있다. 바퀴 B 가운데의 물음표 자리에 들어갈 숫자는 무엇일까?

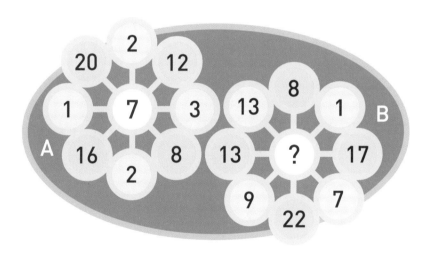

051

도형에 숫자들이 일정한 규칙에 따라 배치되어 있다. 숫자들이 이루는 규칙을 찾아보자. 물음표 자리에 들어갈 숫자는 무엇일까?

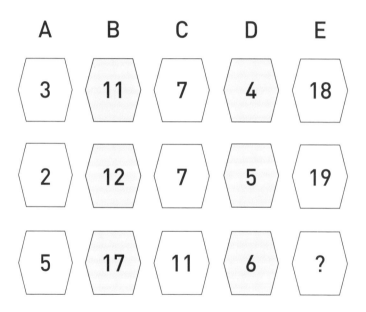

각 색깔은 어떤 숫자를 나타낸다. 줄에 있는 색깔을 모두 더하면 줄 바깥에 있는 숫자가 나온다. 물음표 자리에 들어갈 숫자는 무엇일까?

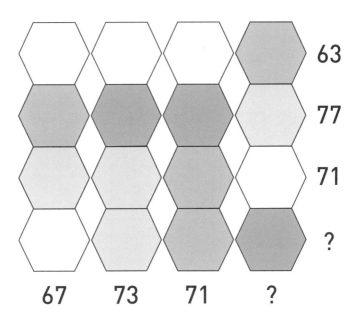

빈칸에 숫자를 채워보자. 숫자는 이미 채워진 숫자를 포함해 1부터 16까지 중복 없이 한 번씩만 들어갈 수 있다. 각 가로줄과 세로줄, 가장 긴 대각선의 숫자를 더한 값은 각각 34로 같아야 한다. 숫자를 어떻게 채워야 할까?

15	6		
			7
		5	

숫자 1~5만 사용해 모든 빈칸을 채워보자. 이때 칸 사이에 있는 부등호 관계를 만족해야 하며, 각 가로줄과 세로줄에는 같은 숫자가 한 번씩만 들어가야 한다. 빈칸을 어떻게 채워야 할까?

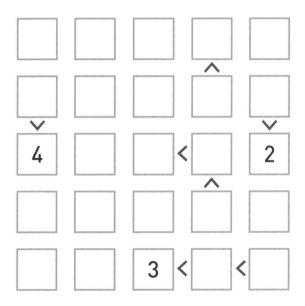

모든 칸을 12조각으로 나눠야 한다. 이때, 한 조각에 같은 색깔이 한 번씩만 들어가도록 나누는 방법은 무엇일까?

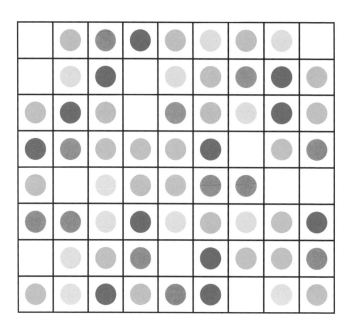

다섯 가지 색깔의 공이 있다. 색깔은 각각 숫자 1, 2, 3, 4, 5를 나타낸다. 마지막 저울이 균형을 이루려면 오른쪽 빈 곳에 보라색 공을 몇 개 올려야 할까?

빈칸에 알맞은 숫자와 부호를 넣어보자. 줄 바깥에 있는 숫자는 그 줄의 수식을 모두 계산한 값이다. 기존의 사칙연산 계산 순서는 고려하지 않고 가로줄은 왼쪽부터, 세로줄은 위부터 순서대로 계산한다. 부호는 +와 −, ×만 사용할 수 있으며, 숫자는 이미 칸에 채워진 네 가지만 사용할 수 있다. 숫자나 부호가 연달아 나올 수는 없다. 각 빈칸에 들어갈 숫자 또는 부호는 무엇일까?

1	×	9	+	7	−	2	14
							70
							62
							72
20		14		14		6	

초록색 삼각형은 나무, 주황색 삼각형은 텐트를 나타낸다. 나무 한 그루와 텐트 하나는 짝을 이룬다. 즉 모든 나무의 수평 또는 수직으로 인접한 칸에는 텐트가 하나씩 배치된다. 이때 어떤 텐트도 다른 텐트와 수평, 수직, 대각선으로 인접한 칸에 있을 수 없다. 가로줄과 세로줄 바깥의 숫자는 그 줄에 있어야 할 텐트의 개수를 나타낸다. 나머지 텐트들은 어디에 놓아야 할까?

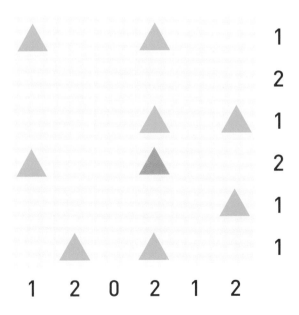

도형에 숫자들이 일정한 규칙에 따라 배치되어 있다. 숫자들이 이루는 규칙을 찾아보자. 물음표 자리에 들어갈 숫자는 무엇일까?

5   6   3   4

    16   3

2   4   2   8

5   0   7   8

    7   ?

3   6   2   4

숫자를 보고 규칙에 맞도록 문제에 선을 그어보자. 숫자는 인접한 네 점을 잇는 선의 개수를 나타낸다. 단, 선을 그어 완성된 도형은 하나의 폐쇄된 모양을 이루어야 하며, 대각선으로 선을 그을 수는 없다. 선을 어떻게 그어야 할까?

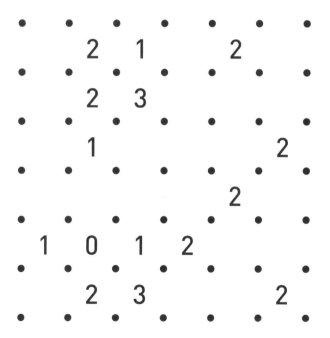

칸의 경계선을 따라 교차하거나 겹치는 지점 없이 한붓그리기로 이어지도록 길을 그려야 한다. 원 색깔은 인접한 칸을 지나는 선이 몇 개인지를 나타낸다. 각 색깔이 의미하는 숫자는 오른쪽에 제시되어 있다. 조건에 맞는 길을 어떻게 그려야 할까?

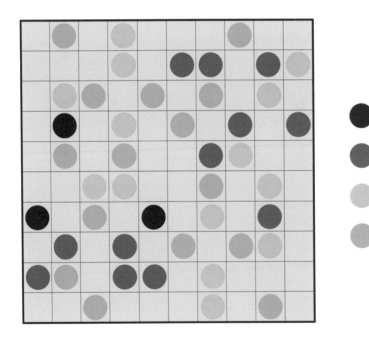

모든 칸에는 각각 고유의 값이 있다. 칸의 값은 도형의 변의 개수와 도형 안의 숫자를 곱한 것이다. 예를 들어 정사각형 안에 숫자 4가 있는 칸의 값은 16이다. 그렇다면, 표에서 가로 2칸, 세로 2칸(2×2)의 값이 100이 되는 곳은 어디일까?

숫자를 보고 숨은 지뢰들을 찾아 표시해 보자. 숫자는 상하좌우 및 대각선 한 칸 이내에 있는 지뢰의 개수를 나타낸다. 지뢰들은 어느 칸에, 몇 개나 있을까?

3							
		2		2		2	
	3				3		
			2	2		1	
3	3	2			4		2
	2			2	4	4	

모든 가로줄과 세로줄, 가장 긴 두 대각선에 각각 다른 색깔과 숫자의 공
5개가 하나씩 들어가도록 빈칸을 채워보자. 물론 제시된 공과 다른 공은
쓸 수 없다. 공을 어떻게 놓아야 할까?

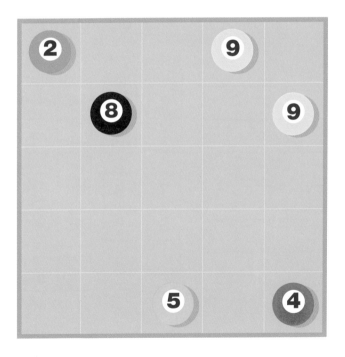

065

주어진 숫자 블록을 사용해 모든 빈칸을 채워보자. 이때 각 가로줄과 세로줄에 들어갈 숫자는 서로 같아야 한다. 예를 들어 첫 번째 가로줄의 숫자가 1-2-3-4-5라면 첫 번째 세로줄의 숫자도 1-2-3-4-5여야 한다. 숫자 블록은 뒤집거나 회전할 수 없으며 지금 놓인 모양 그대로 사용해야 한다. 숫자 블록을 어떻게 배치해야 할까?

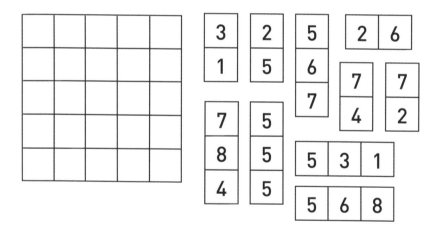

가로줄과 세로줄에 다섯 색이 중복되지 않도록 칸을 채워야 한다. 이때 각 가로줄과 세로줄에서 한 칸씩은 비워둔다. 바깥에 있는 색은 그 줄에서 가장 가까운 칸에 배치되는 색을 나타낸다. 칸을 어떻게 채워야 할까?

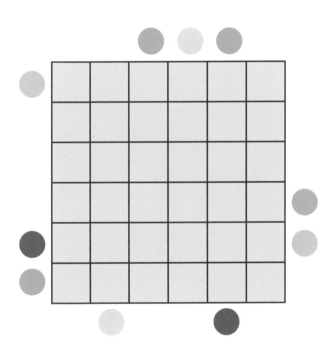

노란 삼각형으로 그려진 오렌지를 제외한 나무 전체의 넓이는 얼마일까?

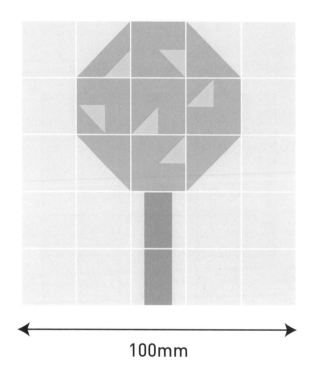

답:224쪽

각 가로줄과 세로줄, 가장 긴 대각선을 더한 값이 모두 같은 숫자가 되도록 숫자를 채워야 한다. 이때 표에 적힌 모든 숫자는 반드시 연속되는 수여야 한다. 빈칸을 어떻게 채워야 할까?

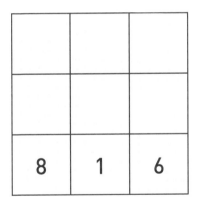

보기 A~E의 숫자와 색깔에는 일정한 규칙이 있다. 보기 E는 무슨 색으로 칠해야 할까?

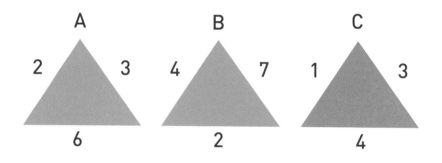

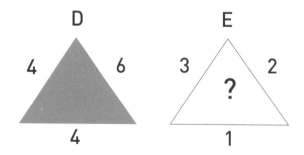

빈칸에 알맞은 숫자와 부호를 넣어보자. 줄 바깥에 있는 숫자는 그 줄의 수식을 모두 계산한 값이다. 기존의 사칙연산 계산 순서는 고려하지 않고 가로줄은 왼쪽부터, 세로줄은 위부터 순서대로 계산한다. 부호는 +와 -, ×만 사용할 수 있으며, 숫자는 이미 칸에 채워진 네 가지만 사용할 수 있다. 숫자나 부호가 연달아 나올 수는 없다. 각 빈칸에 들어갈 숫자 또는 부호는 무엇일까?

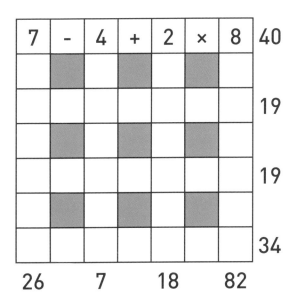

아래 그림의 빈 원을 공으로 채워야 한다. 넣을 공은 맨 아래 준비되어 있다. 이미 들어가 있는 검은 공은 5, 노란 공은 10, 파란 원은 30, 초록 원은 35의 값을 갖는다. 이때, 검은 공에서 시작해 인접한 자리로 이동하면서 총합이 80이 되는 길이 12가지 존재하도록 공을 배치해야 한다. 빈 원을 어떻게 채워야 할까?

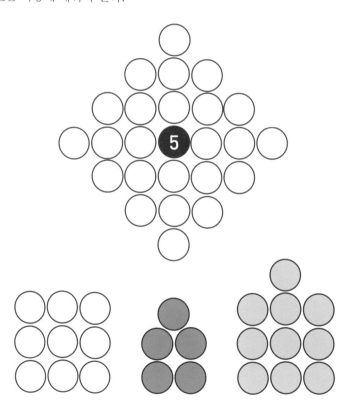

같은 색깔인 조각은 서로 같은 값을 나타낸다. 다음 도형에서 서로 마주
보는 네 조각의 값을 모두 더한 뒤 어떤 한 조각의 값으로 나누면 나머지
가 0이 된다. 이 조각은 무슨 색일까?

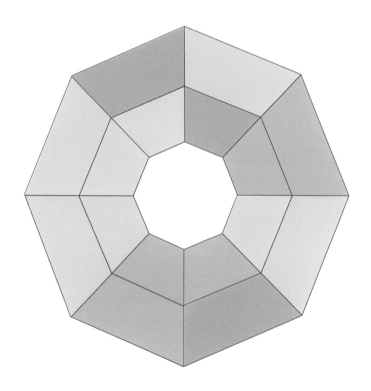

073

도형에 숫자들이 일정한 규칙에 따라 배치되어 있다. 숫자들이 이루는
규칙을 찾아보자. 물음표 자리에 들어갈 숫자는 무엇일까?

15		18
	12	
13		8

7		25
	18	
5		9

11		22
	?	
16		13

가로줄과 세로줄에 다섯 색이 중복되지 않도록 칸을 채워야 한다. 이때 각 가로줄과 세로줄에서 한 칸씩은 비워둔다. 바깥에 있는 색은 그 줄에서 가장 가까운 칸에 배치되는 색을 나타낸다. 칸을 어떻게 채워야 할까?

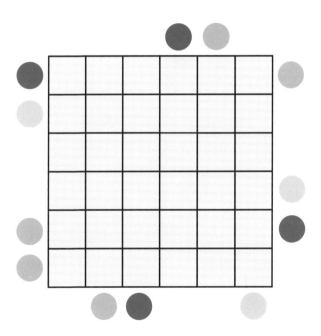

칸의 경계선을 따라 교차하거나 겹치는 지점 없이 한붓그리기로 이어지도록 길을 그려야 한다. 원 색깔은 인접한 칸을 지나는 선이 몇 개인지를 나타낸다. 각 색깔이 의미하는 숫자는 오른쪽에 제시되어 있다. 조건에 맞는 길을 어떻게 그려야 할까?

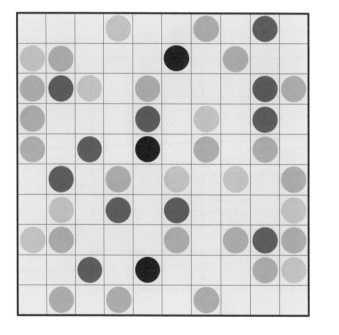

숫자 1~5만 사용해 모든 빈칸을 채워보자. 이때 칸 사이에 있는 부등호 관계를 만족해야 하며, 각 가로줄과 세로줄에는 같은 숫자가 한 번씩만 들어가야 한다. 빈칸을 어떻게 채워야 할까?

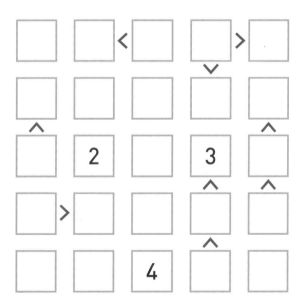

각 색깔은 숫자 1~4를 나타낸다. 다음 수식을 계산한 값은 얼마일까?

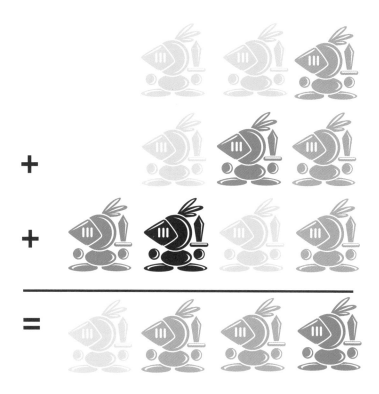

답:226쪽

검은색, 주황색, 흰색, 초록색은 5를, 하늘색과 보라색은 2를 나타낸다. 노란색과 분홍색은 0이다. 세 가지 색깔을 더해 7을 만드는 방법은 몇 가지나 있을까? 단, 한 색깔은 두 번까지 사용할 수 있으며 색깔 순서만 바꾼 조합은 인정되지 않는다.

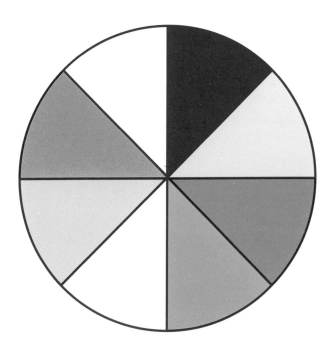

숫자를 보고 규칙에 맞도록 문제에 선을 그어보자. 숫자는 인접한 네 점을 잇는 선의 개수를 나타낸다. 단, 선을 그어 완성된 도형은 하나의 폐쇄된 모양을 이루어야 하며, 대각선으로 선을 그을 수는 없다. 선을 어떻게 그어야 할까?

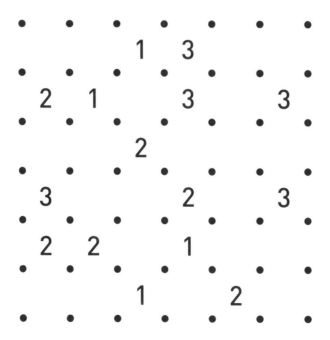

빈칸에 알맞은 숫자와 부호를 넣어보자. 줄 바깥에 있는 숫자는 그 줄의 수식을 모두 계산한 값이다. 기존의 사칙연산 계산 순서는 고려하지 않고 가로줄은 왼쪽부터, 세로줄은 위부터 순서대로 계산한다. 부호는 +와 −, ×만 사용할 수 있으며, 숫자는 이미 칸에 채워진 네 가지만 사용할 수 있다. 숫자나 부호가 연달아 나올 수는 없다. 각 빈칸에 들어갈 숫자 또는 부호는 무엇일까?

8	+	3	−	2	×	1	9
	�+ gray		▬		▬		

(아래는 격자 퍼즐)

8	+	3	−	2	×	1	**9**
							21
							7
							32

27　　**30**　　**14**　　**9**

숫자를 보고 숨은 지뢰들을 찾아 표시해 보자. 숫자는 상하좌우 및 대각선 한 칸 이내에 있는 지뢰의 개수를 나타낸다. 지뢰들은 어느 칸에, 몇 개나 있을까?

1			2		1		1		1
	2			3				2	2
	1					2	2	3	
		2		2					2
2	2	1	0			2			
						2	1		
	2	1				2		3	
			1		2		1	2	
	3	2				2	2		3
2				2	1				

원으로 이루어진 바퀴 A, B가 있다. 원 안에 적힌 숫자들 사이에는 일정한 규칙이 있다. 바퀴 B 가운데의 물음표 자리에 들어갈 숫자는 무엇일까?

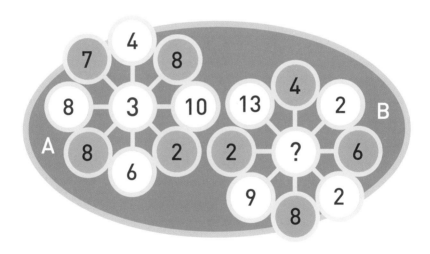

빈칸에 1~9 사이의 숫자를 채워보자. 삼각형 안에 적힌 숫자는 그 숫자가 속한 가로줄 또는 세로줄에 적힌 숫자의 합이다. 단, 가로 또는 세로로 연속되는 칸에는 같은 숫자가 두 번 들어갈 수 없다. 숫자를 어떻게 채워야 할까?

	4 ╲	10 ╲	28 ╲	28 ╲		10 ╲	41 ╲	5 ╲	16 ╲
╲ 11					14╲ 10 ╲				
╲ 45									
		╲ 34							
	╲ 23	9╲ 9 ╲			╲ 12			╲ 10	7 ╲
╲ 12				╲ 10		8╲ 15 ╲			
╲ 29					╲ 12				
╲ 13					╲ 27				

각 색깔은 어떤 숫자를 나타낸다. 줄에 있는 색깔을 모두 더하면 줄 바깥에 있는 숫자가 나온다. 물음표 자리에 들어갈 숫자는 무엇일까?

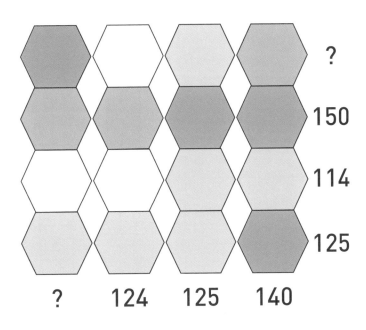

085

주어진 숫자 블록을 사용해 모든 빈칸을 채워보자. 이때 각 가로줄과 세로줄에 들어갈 숫자는 서로 같아야 한다. 예를 들어 첫 번째 가로줄의 숫자가 1-2-3-4-5라면 첫 번째 세로줄의 숫자도 1-2-3-4-5여야 한다. 숫자 블록은 뒤집거나 회전할 수 없으며 지금 놓인 모양 그대로 사용해야 한다. 숫자 블록을 어떻게 배치해야 할까?

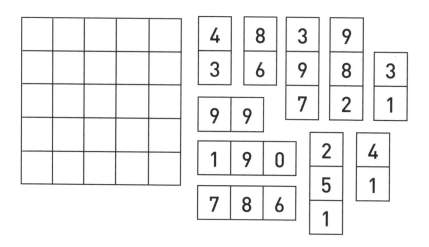

각 줄 끝에 숫자들이 적혀 있다. 숫자는 그 줄에 색칠해야 하는 칸의 개수를 의미한다. 숫자가 두 개 이상인 경우, 색칠할 칸이 한 칸 이상 떨어져 있다는 뜻이다. 예를 들어 2, 3이라면 두 칸을 색칠한 다음, 한 칸 이상 떨어진 곳에 다시 세 칸을 색칠해야 한다. 규칙에 맞게 색을 칠하면 어떤 그림이 나타난다. 무엇을 나타내는 그림일까?

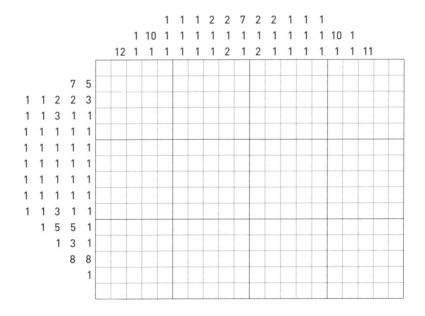

각 가로줄과 세로줄에 8가지 색깔이 한 번씩만 들어가도록 빈칸을 채워 보자. 단, 수평, 수직, 대각선으로 인접한 칸에는 같은 색깔이 배치될 수 없다. 빈칸을 어떻게 채워야 할까?

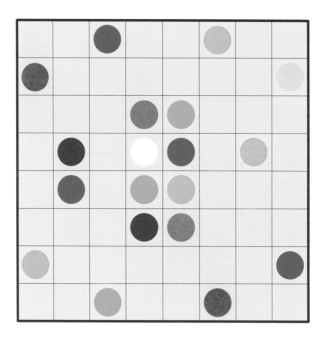

공의 색깔은 각각 숫자 2, 3, 4, 5, 6을 나타낸다. 마지막 저울이 균형을 이루려면 오른쪽 빈 곳에 초록색 공을 몇 개 올려야 할까?

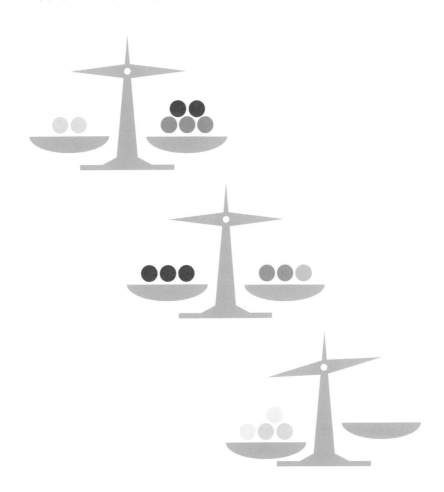

빈칸에 숫자를 채워보자. 숫자는 이미 채워진 숫자를 포함해 1부터 16까지 중복 없이 한 번씩만 들어갈 수 있다. 각 가로줄과 세로줄, 가장 긴 대각선의 숫자를 더한 값은 각각 34로 같아야 한다. 숫자를 어떻게 채워야 할까?

10	2		
	16		

모든 칸을 12조각으로 나눠야 한다. 이때, 한 조각에 같은 색깔이 한 번씩만 들어가도록 나누는 방법은 무엇일까?

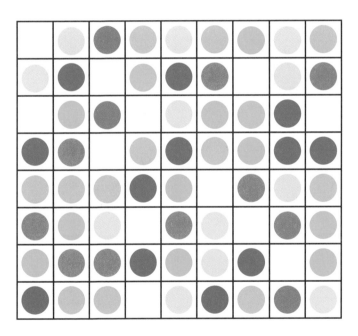

도형에 숫자들이 일정한 규칙에 따라 배치되어 있다. 숫자들이 이루는 규칙을 찾아보자. 물음표 자리에 들어갈 숫자는 무엇일까?

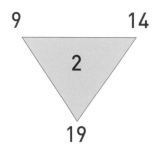

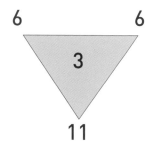

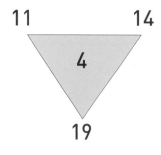

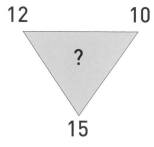

답:228쪽

초록색 삼각형은 나무, 주황색 삼각형은 텐트를 나타낸다. 나무 한 그루와 텐트 하나는 짝을 이룬다. 즉 모든 나무의 수평 또는 수직으로 인접한 칸에는 텐트가 하나씩 배치된다. 이때 어떤 텐트도 다른 텐트와 수평, 수직, 대각선으로 인접한 칸에 있을 수 없다. 가로줄과 세로줄 바깥의 숫자는 그 줄에 있어야 할 텐트의 개수를 나타낸다. 나머지 텐트들은 어디에 놓아야 할까?

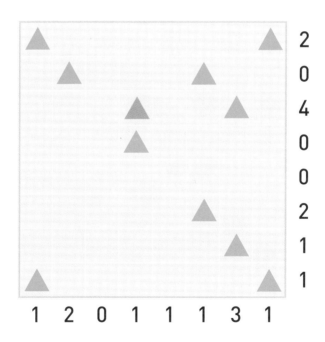

칸의 경계선을 따라 교차하거나 겹치는 지점 없이 한붓그리기로 이어지도록 길을 그려야 한다. 원 색깔은 인접한 칸을 지나는 선이 몇 개인지를 나타낸다. 각 색깔이 의미하는 숫자는 오른쪽에 제시되어 있다. 조건에 맞는 길을 어떻게 그려야 할까?

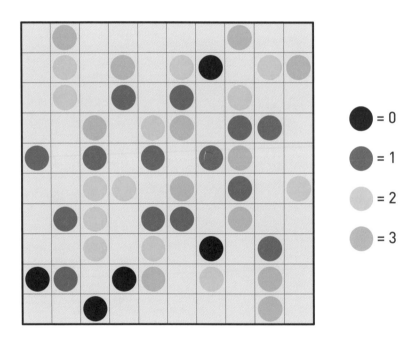

각 색깔은 숫자 1~4를 나타낸다. 분홍색 앵무새가 2라면, 다음 수식을 계산한 값은 얼마일까?

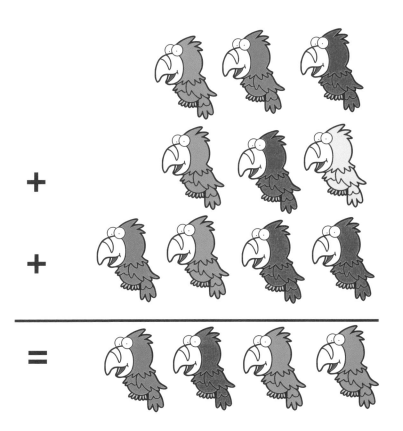

빈칸에 알맞은 숫자와 부호를 넣어보자. 줄 바깥에 있는 숫자는 그 줄의 수식을 모두 계산한 값이다. 기존의 사칙연산 계산 순서는 고려하지 않고 가로줄은 왼쪽부터, 세로줄은 위부터 순서대로 계산한다. 부호는 +와 −, ×만 사용할 수 있으며, 숫자는 이미 칸에 채워진 네 가지만 사용할 수 있다. 숫자나 부호가 연달아 나올 수는 없다. 각 빈칸에 들어갈 숫자 또는 부호는 무엇일까?

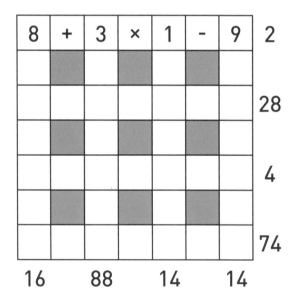

주어진 규칙에 맞게 주사위를 다시 배열해 보자. 주사위를 어떤 순서로
배열해야 할까?

규칙

파란색 주사위는 두 홀수 사이에 있다.

초록색 주사위는 1 바로 왼쪽에 있다.

2는 노란색 주사위 바로 오른쪽에 있다.

맨 왼쪽에 있는 두 주사위의 점수를 더하면 10이 된다.

답 : 229쪽   107

도형에 숫자들이 일정한 규칙에 따라 배치되어 있다. 숫자들이 이루는 규칙을 찾아보자. 물음표 자리에 들어갈 숫자는 무엇일까?

6   5   11   4

4   3

3   8   9   19

15   23   4   5

7   ?

7   6   13   15

가로줄과 세로줄에 다섯 색이 중복되지 않도록 칸을 채워야 한다. 이때 각 가로줄과 세로줄에서 한 칸씩은 비워둔다. 바깥에 있는 색은 그 줄에서 가장 가까운 칸에 배치되는 색을 나타낸다. 칸을 어떻게 채워야 할까?

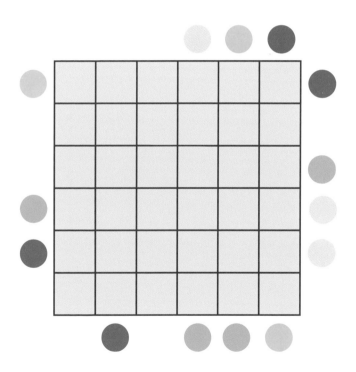

숫자를 보고 규칙에 맞도록 문제에 선을 그어보자. 숫자는 인접한 네 점을 잇는 선의 개수를 나타낸다. 단, 선을 그어 완성된 도형은 하나의 폐쇄된 모양을 이루어야 하며, 대각선으로 선을 그을 수는 없다. 선을 어떻게 그어야 할까?

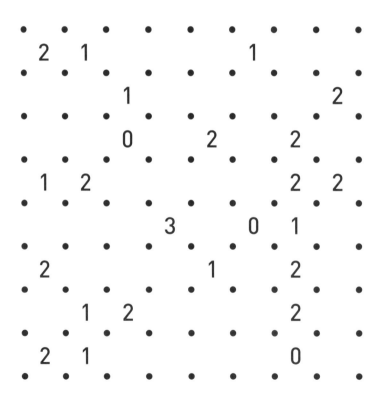

숫자 1~5만 사용해 모든 빈칸을 채워보자. 이때 칸 사이에 있는 부등호 관계를 만족해야 하며, 각 가로줄과 세로줄에는 같은 숫자가 한 번씩만 들어가야 한다. 빈칸을 어떻게 채워야 할까?

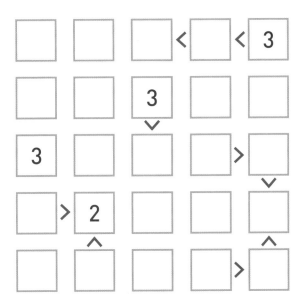

빈칸에 1~9 사이의 숫자를 채워보자. 삼각형 안에 적힌 숫자는 그 숫자가 속한 가로줄 또는 세로줄에 적힌 숫자의 합이다. 단, 가로 또는 세로로 연속되는 칸에는 같은 숫자가 두 번 들어갈 수 없다. 숫자를 어떻게 채워야 할까?

102

물음표 자리에 들어갈 알맞은 보기는 A~D 중 어느 것일까?

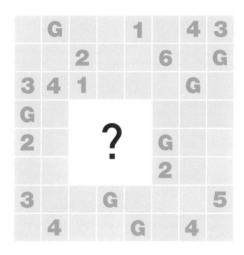

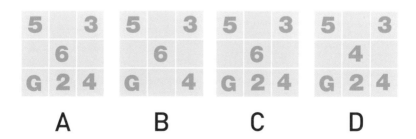

A   B   C   D

아래 빈 원을 공으로 채워야 한다. 넣을 공은 맨 아래 준비되어 있다. 이미 들어가 있는 검은 공은 10, 노란 공은 15, 초록 원은 25, 파란 원은 40의 값을 갖는다. 이때, 검은 공에서 시작해 인접한 자리로 이동하면서 총합이 90이 되는 길이 9가지 존재하도록 공을 배치해야 한다. 빈 원을 어떻게 채워야 할까?

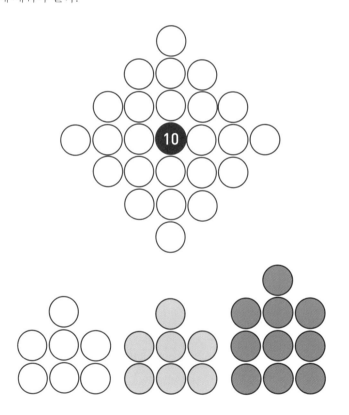

숙자를 보고 숨은 지뢰들을 찾아 표시해 보자. 숫자는 상하좌우 및 대각선 한 칸 이내에 있는 지뢰의 개수를 나타낸다. 지뢰들은 어느 칸에, 몇 개나 있을까?

						0		
	2			2	1		2	3
		4	4				3	
2					4			1
		3	3	3				1
1			1	1			0	
		3	2			1	0	1
	3			3			2	
		4		4				
	2				3	3		1

숫자를 보고 규칙에 맞도록 문제에 선을 그어보자. 숫자는 인접한 네 점을 잇는 선의 개수를 나타낸다. 단, 선을 그어 완성된 도형은 하나의 폐쇄된 모양을 이루어야 하며, 대각선으로 선을 그을 수는 없다. 선을 어떻게 그어야 할까?

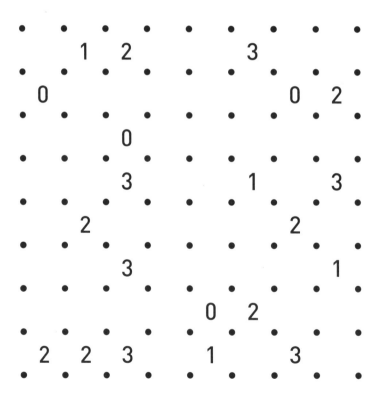

같은 색깔인 조각은 서로 같은 값을 나타낸다. 다음 도형에서 서로 마주 보는 네 조각의 값을 모두 더한 뒤 어떤 한 조각의 값으로 나누면 나머지 가 0이 된다. 이 조각은 어느 색일까?

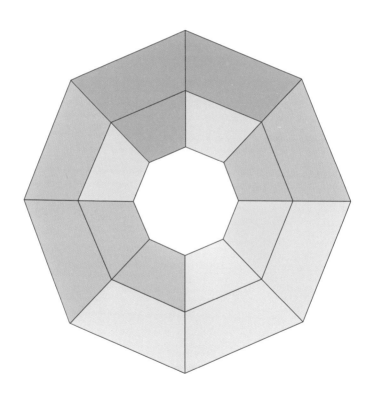

도형에 숫자들이 일정한 규칙에 따라 배치되어 있다. 숫자들이 이루는 규칙을 찾아보자. 물음표 자리에 들어갈 숫자는 무엇일까?

14		3
	8	
6		9

12		17
	11	
24		8

2		21
	?	
13		10

가로줄과 세로줄에 다섯 색이 중복되지 않도록 칸을 채워야 한다. 이때 각 가로줄과 세로줄에서 한 칸씩은 비워둔다. 바깥에 있는 색은 그 줄에서 가장 가까운 칸에 배치되는 색을 나타낸다. 칸을 어떻게 채워야 할까?

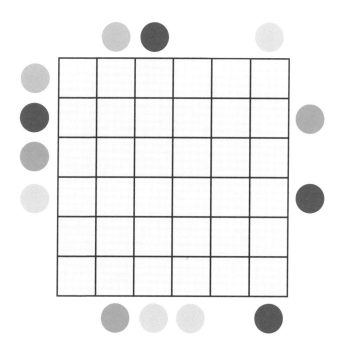

주어진 숫자 블록을 사용해 모든 빈칸을 채워보자. 이때 각 가로줄과 세로줄에 들어갈 숫자는 서로 같아야 한다. 예를 들어 첫 번째 가로줄의 숫자가 1-2-3-4-5라면 첫 번째 세로줄의 숫자도 1-2-3-4-5여야 한다. 숫자 블록은 뒤집거나 회전할 수 없으며 지금 놓인 모양 그대로 사용해야 한다. 숫자 블록을 어떻게 배치해야 할까?

칸의 경계선을 따라 교차하거나 겹치는 지점 없이 한붓그리기로 이어지도록 길을 그려야 한다. 원 색깔은 인접한 칸을 지나는 선이 몇 개인지를 나타낸다. 각 색깔이 의미하는 숫자는 오른쪽에 제시되어 있다. 조건에 맞는 길을 어떻게 그려야 할까?

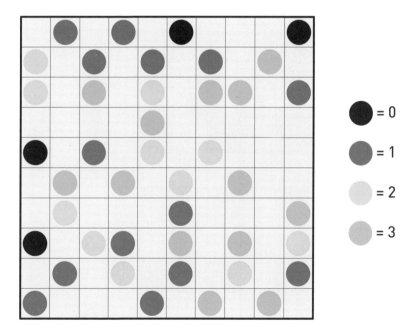

빈칸에 알맞은 숫자와 부호를 넣어보자. 줄 바깥에 있는 숫자는 그 줄의 수식을 모두 계산한 값이다. 기존의 사칙연산 계산 순서는 고려하지 않고 가로줄은 왼쪽부터, 세로줄은 위부터 순서대로 계산한다. 부호는 +와 -, ×만 사용할 수 있으며, 숫자는 이미 칸에 채워진 네 가지만 사용할 수 있다. 숫자나 부호가 연달아 나올 수는 없다. 각 빈칸에 들어갈 숫자 또는 부호는 무엇일까?

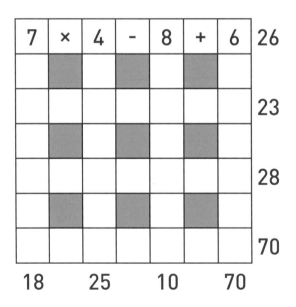

122 | 답:232쪽

분홍색, 보라색, 하늘색은 2를, 주황색과 흰색은 0을 나타낸다. 검은색, 노란색, 초록색은 4다. 세 가지 색깔을 더해 8을 만드는 방법은 몇 가지나 있을까? 단, 한 색깔은 두 번까지 사용할 수 있으며 색깔 순서만 바꾼 조합은 인정되지 않는다.

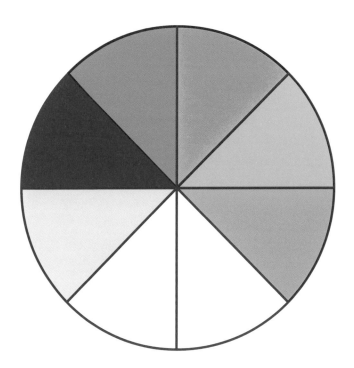

블록에 적힌 숫자는 바로 아래에 있는 두 블록에 적힌 숫자를 더한 값이
다. 물음표 자리에 들어갈 숫자는 각각 무엇일까?

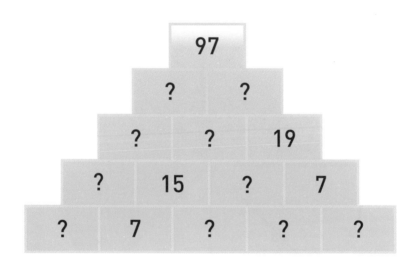

각 가로줄과 세로줄, 가장 긴 대각선을 더한 값이 모두 같은 숫자가 되도록 숫자를 채워야 한다. 이때 표에 적힌 모든 숫자는 반드시 연속되는 수여야 한다. 빈칸을 어떻게 채워야 할까?

	18	
	20	
	22	

그림에서 파란색 점은 위치에 따른 숫자를 나타낸다. 예를 들어 맨 왼쪽 위에 있는 점은 1을, 맨 오른쪽 아래에 있는 점은 25를 의미한다. 이 규칙에 따르면 보기 A~D 중에서 67을 나타내는 보기는 어느 것일까?

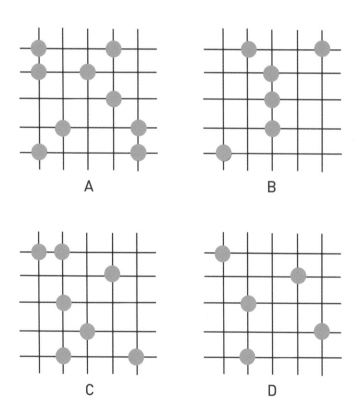

도형에 숫자들이 일정한 규칙에 따라 배치되어 있다. 숫자들이 이루는 규칙을 찾아보자. 물음표 자리에 들어갈 숫자는 무엇일까?

9	3	4	3
	57		18
5	6	3	2

6	1	2	8
	24		?
9	2	3	1

각 색깔은 어떤 숫자를 나타낸다. 줄에 있는 색깔을 모두 더하면 줄 바깥에 있는 숫자가 나온다. 물음표 자리에 들어갈 숫자는 무엇일까?

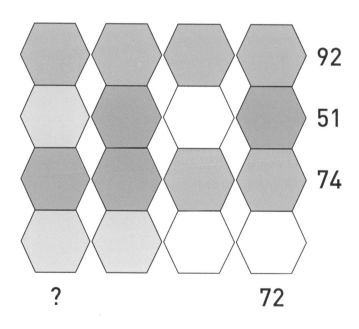

각 가로줄과 세로줄에 8가지 색깔이 한 번씩만 들어가도록 빈칸을 채워
보자. 단, 수평, 수직, 대각선으로 인접한 칸에는 같은 색깔이 배치될 수
없다. 빈칸을 어떻게 채워야 할까?

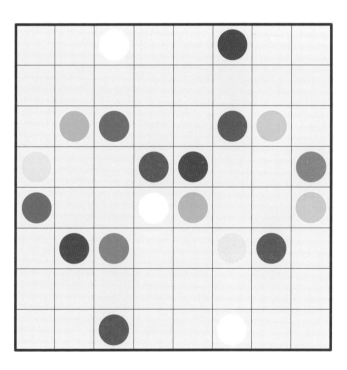

빈칸에 1~9 사이의 숫자를 채워보자. 삼각형 안에 적힌 숫자는 그 숫자가 속한 가로줄 또는 세로줄에 적힌 숫자의 합이다. 단, 가로 또는 세로로 연속되는 칸에는 같은 숫자가 두 번 들어갈 수 없다. 숫자를 어떻게 채워야 할까?

모든 칸을 12조각으로 나눠야 한다. 이때, 한 조각에 같은 색깔이 한 번 씩만 들어가도록 나누는 방법은 무엇일까?

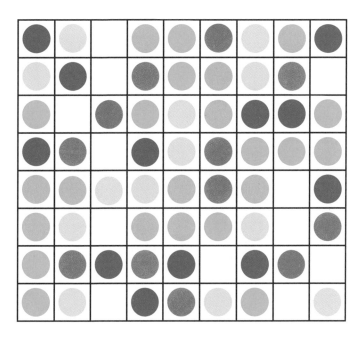

다섯 가지 색깔의 공이 있다. 색깔은 각각 숫자 1, 2, 3, 4, 5를 나타낸다. 마지막 저울이 균형을 이루려면 오른쪽 빈 곳에 빨간색 공을 몇 개 올려야 할까?

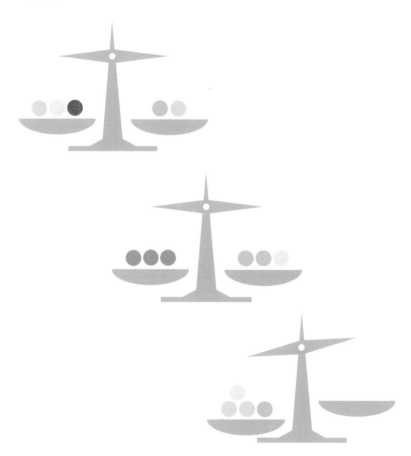

빈칸에 알맞은 숫자와 부호를 넣어보자. 줄 바깥에 있는 숫자는 그 줄의 수식을 모두 계산한 값이다. 기존의 사칙연산 계산 순서는 고려하지 않고 가로줄은 왼쪽부터, 세로줄은 위부터 순서대로 계산한다. 부호는 +와 -, ×만 사용할 수 있으며, 숫자는 이미 칸에 채워진 네 가지만 사용할 수 있다. 숫자나 부호가 연달아 나올 수는 없다. 각 빈칸에 들어갈 숫자 또는 부호는 무엇일까?

8	×	5	-	7	+	9	42
							72
							44
							52

74   24   90   50

답 : 233쪽

도형에 숫자들이 일정한 규칙에 따라 배치되어 있다. 숫자들이 이루는 규칙을 찾아보자. 물음표 자리에 들어갈 숫자는 무엇일까?

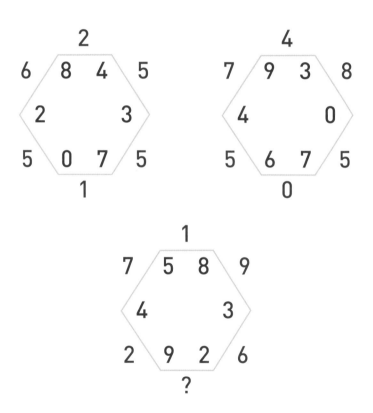

칸의 경계선을 따라 교차하거나 겹치는 지점 없이 한붓그리기로 이어지
도록 길을 그려야 한다. 원 색깔은 인접한 칸을 지나는 선이 몇 개인지를
나타낸다. 각 색깔이 의미하는 숫자는 오른쪽에 제시되어 있다. 조건에
맞는 길을 어떻게 그려야 할까?

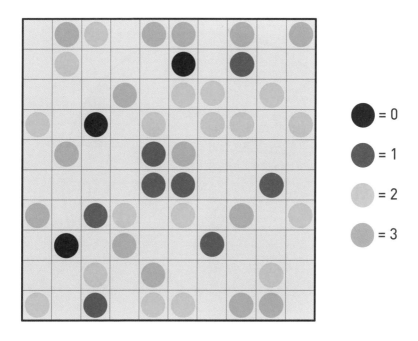

125

초록색, 노란색, 보라색, 검은색, 하늘색은 0을, 주황색, 흰색, 분홍색은 5를 나타낸다. 세 가지 색깔을 더해 5를 만드는 방법은 몇 가지나 있을까? 단, 한 색깔은 두 번까지 사용할 수 있으며 색깔 순서만 바꾼 조합은 인정되지 않는다.

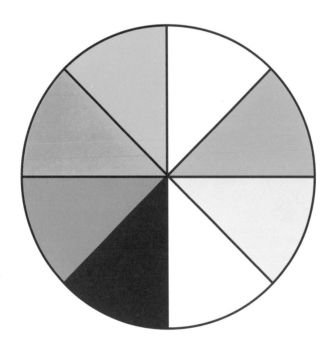

숫자 1~5만 사용해 모든 빈칸을 채워보자. 이때 칸 사이에 있는 부등호 관계를 만족해야 하며, 각 가로줄과 세로줄에는 같은 숫자가 한 번씩만 들어가야 한다. 빈칸을 어떻게 채워야 할까?

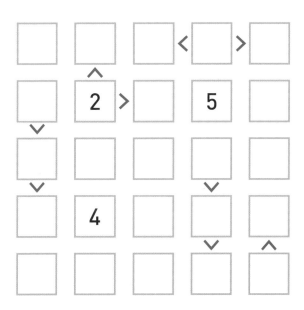

127

숫자를 보고 규칙에 맞도록 문제에 선을 그어보자. 숫자는 인접한 네 점을 잇는 선의 개수를 나타낸다. 단, 선을 그어 완성된 도형은 하나의 폐쇄된 모양을 이루어야 하며, 대각선으로 선을 그을 수는 없다. 선을 어떻게 그어야 할까?

	0		3		3		
		0	2		2		3
2		2					
	2			1		3	2
		1					2
2	1				1		
	0	1		1			
1	1		1	2		3	

가로줄과 세로줄에 다섯 색이 중복되지 않도록 칸을 채워야 한다. 이때 각 가로줄과 세로줄에서 한 칸씩은 비워둔다. 바깥에 있는 색은 그 줄에서 가장 가까운 칸에 배치되는 색을 나타낸다. 칸을 어떻게 채워야 할까?

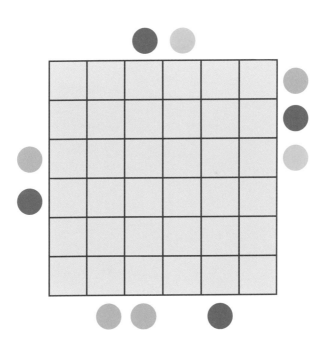

도형에 숫자들이 일정한 규칙에 따라 배치되어 있다. 숫자들이 이루는 규칙을 찾아보자. 물음표 자리에 들어갈 숫자는 무엇일까?

24		16
	9	
21		22

16		12
	32	
10		38

31		23
	?	
25		35

초록색 삼각형은 나무, 주황색 삼각형은 텐트를 나타낸다. 나무 한 그루
와 텐트 하나는 짝을 이룬다. 즉 모든 나무의 수평 또는 수직으로 인접
한 칸에는 텐트가 하나씩 배치된다. 이때 어떤 텐트도 다른 텐트와 수평,
수직, 대각선으로 인접한 칸에 있을 수 없다. 가로줄과 세로줄 바깥의 숫
자는 그 줄에 있어야 할 텐트의 개수를 나타낸다. 텐트를 어디에 놓아야
할까?

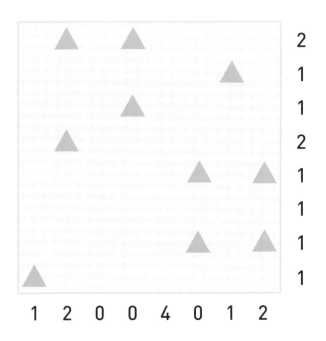

빈칸에 알맞은 숫자와 부호를 넣어보자. 줄 바깥에 있는 숫자는 그 줄의 수식을 모두 계산한 값이다. 기존의 사칙연산 계산 순서는 고려하지 않고 가로줄은 왼쪽부터, 세로줄은 위부터 순서대로 계산한다. 부호는 +와 -, ×만 사용할 수 있으며, 숫자는 이미 칸에 채워진 네 가지만 사용할 수 있다. 숫자나 부호가 연달아 나올 수는 없다. 각 빈칸에 들어갈 숫자 또는 부호는 무엇일까?

2	+	4	×	7	-	6	36
							40
							7
							40

| 28 | | 54 | | 32 | | 52 | |

톱니바퀴 A에는 톱니가 10개 있고 톱니바퀴 B에는 8개, 톱니바퀴 C에는 14개가 있다. 세 톱니바퀴를 움직이다 어느 순간 모두 제자리로 되돌아왔다. 이때 A는 몇 바퀴를 회전했을까?

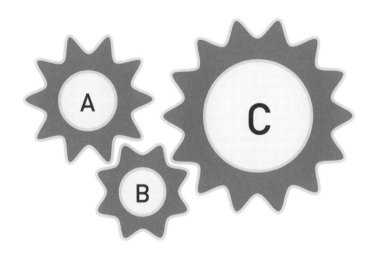

주어진 숫자 블록을 사용해 모든 빈칸을 채워보자. 이때 각 가로줄과 세로줄에 들어갈 숫자는 서로 같아야 한다. 예를 들어 첫 번째 가로줄의 숫자가 1-2-3-4-5라면 첫 번째 세로줄의 숫자도 1-2-3-4-5여야 한다. 숫자 블록은 뒤집거나 회전할 수 없으며 지금 놓인 모양 그대로 사용해야 한다. 숫자 블록을 어떻게 배치해야 할까?

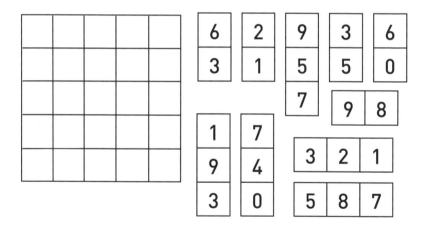

숫자 1~5만 사용해 모든 빈칸을 채워보자. 이때 칸 사이에 있는 부등호 관계를 만족해야 하며, 각 가로줄과 세로줄에는 같은 숫자가 한 번씩만 들어가야 한다. 빈칸을 어떻게 채워야 할까?

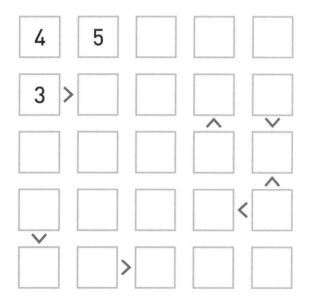

빈칸에 숫자를 채워보자. 숫자는 이미 채워진 숫자를 포함해 1부터 16까지 중복 없이 한 번씩만 들어갈 수 있다. 각 가로줄과 세로줄, 가장 긴 대각선의 숫자를 더한 값은 각각 34로 같아야 한다. 숫자를 어떻게 채워야 할까?

7	10		

아래 빈 원을 공으로 채워야 한다. 넣을 공은 맨 아래 준비되어 있다. 이미 들어가 있는 검은 공은 5, 초록색 공은 30, 분홍색 공은 10, 파란색 원은 15의 값을 갖는다. 이때, 검은 공에서 시작해 인접한 자리로 이동하면서 총합이 60이 되는 길이 8가지 존재하도록 공을 배치해야 한다. 빈 원을 어떻게 채워야 할까?

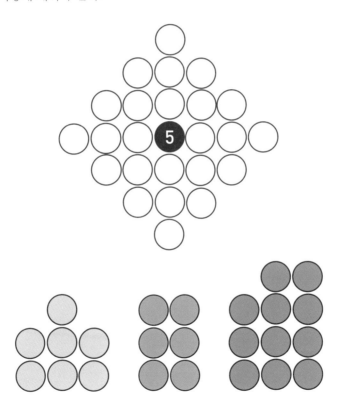

가로줄과 세로줄에 다섯 색이 중복되지 않도록 칸을 채워야 한다. 이때 각 가로줄과 세로줄에서 한 칸씩은 비워둔다. 바깥에 있는 색은 그 줄에서 가장 가까운 칸에 배치되는 색을 나타낸다. 칸을 어떻게 채워야 할까?

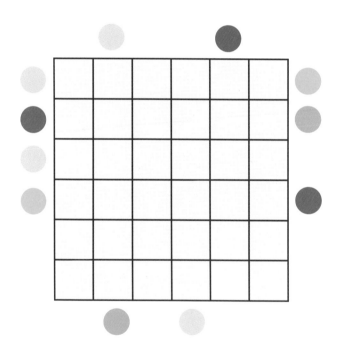

빈칸에 알맞은 숫자와 부호를 넣어보자. 줄 바깥에 있는 숫자는 그 줄의 수식을 모두 계산한 값이다. 기존의 사칙연산 계산 순서는 고려하지 않고 가로줄은 왼쪽부터, 세로줄은 위부터 순서대로 계산한다. 부호는 +와 -, ×만 사용할 수 있으며, 숫자는 이미 칸에 채워진 네 가지만 사용할 수 있다. 숫자나 부호가 연달아 나올 수는 없다. 각 빈칸에 들어갈 숫자 또는 부호는 무엇일까?

1	×	8	-	2	+	9	15
	▨		▨		▨		
							24
	▨		▨		▨		
							25
	▨		▨		▨		
							3
15		55		11		32	

숫자를 보고 숨은 지뢰들을 찾아 표시해 보자. 숫자는 상하좌우 및 대각선 한 칸 이내에 있는 지뢰의 개수를 나타낸다. 지뢰들은 어느 칸에, 몇 개나 있을까?

		1	1			2			
1				3	2				0
	1			2		1	1	1	
	2		2		1				
1									
			3	2				3	2
	0		2				2		2
			3	5					
1	1						4	5	
	1			2	1				2

도형에 숫자들이 일정한 규칙에 따라 배치되어 있다. 숫자들이 이루는 규칙을 찾아보자. 물음표 자리에 들어갈 숫자는 무엇일까?

28		30
	1	
10		12

17		39
	3	
27		5

38		18
	?	
11		20

칸의 경계선을 따라 교차하거나 겹치는 지점 없이 한붓그리기로 이어지도록 길을 그려야 한다. 원 색깔은 인접한 칸을 지나는 선이 몇 개인지를 나타낸다. 각 색깔이 의미하는 숫자는 오른쪽에 제시되어 있다. 조건에 맞는 길을 어떻게 그려야 할까?

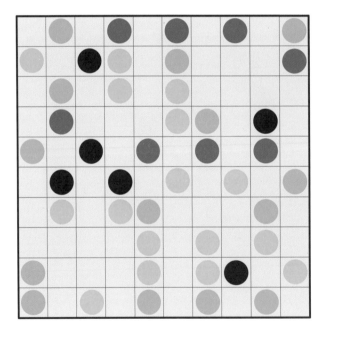

다음 도형에서 각 조각에 있는 숫자의 합이 모두 같고, 각 동심원에 있는 숫자의 합이 모두 같도록 모든 빈칸을 채워보자. 빈칸에는 각각 어떤 숫자가 들어가야 할까?

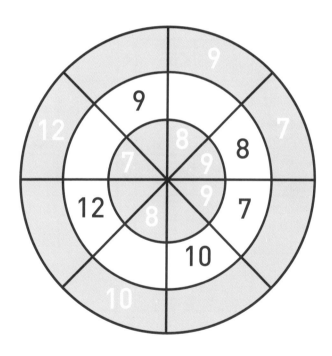

숫자 1~5만 사용해 모든 빈칸을 채워보자. 이때 칸 사이에 있는 부등호 관계를 만족해야 하며, 각 가로줄과 세로줄에는 같은 숫자가 한 번씩만 들어가야 한다. 빈칸을 어떻게 채워야 할까?

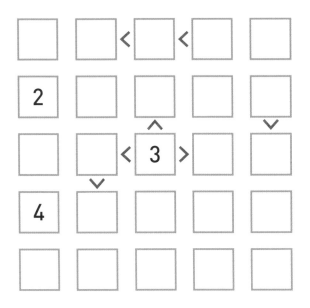

숫자를 보고 규칙에 맞도록 문제에 선을 그어보자. 숫자는 인접한 네 점
을 잇는 선의 개수를 나타낸다. 단, 선을 그어 완성된 도형은 하나의 폐
쇄된 모양을 이루어야 하며, 대각선으로 선을 그을 수는 없다. 선을 어떻
게 그어야 할까?

```
•   •   •   •   •   •   •   •   •
    2   2   1       2   2
•   •   •   •   •   •   •   •   •
        2               2   2
•   •   •   •   •   •   •   •   •
  1   1           2
•   •   •   •   •   •   •   •   •
                1       0
•   •   •   •   •   •   •   •   •
    1   2   2   1
•   •   •   •   •   •   •   •   •
    1           1   1   3
•   •   •   •   •   •   •   •   •
        1   3
•   •   •   •   •   •   •   •   •
  2   2       2   3           3
•   •   •   •   •   •   •   •   •
```

물음표 자리를 채워서 식을 완성해 보자. 기존의 사칙연산 계산 순서는 고려하지 않고 왼쪽부터 순서대로 계산한다. 물음표 자리에 들어갈 사칙 연산 부호(+, -, ×, ÷)는 각각 무엇일까?

9 ? 2 ? 3 ? 9 = 6

빈칸에 알맞은 숫자와 부호를 넣어보자. 줄 바깥에 있는 숫자는 그 줄의 수식을 모두 계산한 값이다. 기존의 사칙연산 계산 순서는 고려하지 않고 가로줄은 왼쪽부터, 세로줄은 위부터 순서대로 계산한다. 부호는 +와 -, ×만 사용할 수 있으며, 숫자는 이미 칸에 채워진 네 가지만 사용할 수 있다. 숫자나 부호가 연달아 나올 수는 없다. 각 빈칸에 들어갈 숫자 또는 부호는 무엇일까?

4	+	9	-	1	×	2	24
	░		░		░		
							21
	░		░		░		
							40
	░		░		░		
							11

37   21   11   13

각각 다른 네 부서에서 근무하는 직원들이 크리스마스에 점심 식사를 하러 만났다. 참석자는 깐깐한 IT 직원 12명, 게으른 관리자 18명, 성실한 영업직원 20명, 참을성 있는 비서 25명이다. 그들이 지불한 금액은 총 3,990파운드다. 나중에 살펴보니 비서 5명은 영업직원 4명과 같은 금액을 지불했고, 영업직원 12명은 관리자 9명과 같은 금액을 지불했고, 관리자 6명은 IT 직원 8명과 같은 금액을 지불했다. 네 부서가 지불한 금액은 각각 얼마일까?

숫자를 보고 숨은 지뢰들을 찾아 표시해 보자. 숫자는 상하좌우 및 대각선 한 칸 이내에 있는 지뢰의 개수를 나타낸다. 지뢰들은 어느 칸에, 몇 개나 있을까?

			3						
1					1	1		1	
	3	2		0			1		0
				1		1		3	
		2		2					
0						2	3		4
		2			2				
	2	2	2			3			3
3					4		3		
		2	2		4			1	

바깥쪽 사각형에는 수식이, 안쪽 사각형에는 답이 있다. 각 숫자 사이에 사칙연산 부호(+, −, ×, ÷)를 넣어 수식을 완성해야 한다. 계산 순서는 12시 방향에 있는 숫자 4부터 시계 방향으로 진행되며, 기존의 사칙연산 계산 순서는 고려하지 않는다. 또한 사칙연산 부호 중 세 개가 각각 두 번씩 사용된다. 수식을 알맞게 완성할 수 있을까?

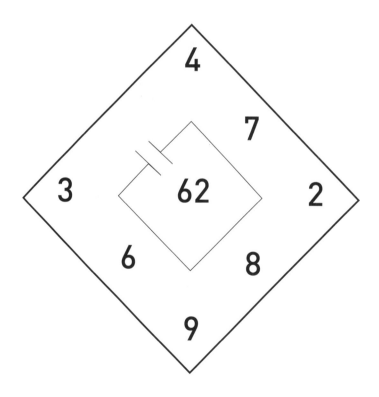

도형에 숫자들이 일정한 규칙에 따라 배치되어 있다. 숫자들이 이루는 규칙을 찾아보자. 물음표 자리에 들어갈 숫자는 무엇일까?

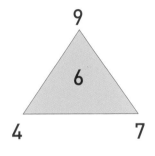

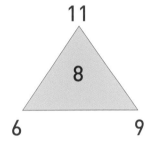

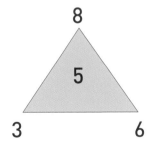

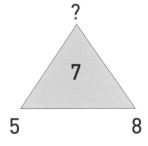

민석이는 카드 몇 장이 빠진 52장짜리 카드 한 팩을 갖고 있다. 민석이가 카드를 친구 9명에게 똑같이 나눠주면 민석이에게는 카드 2장이 남는다. 4명에게 똑같이 나눠주면 카드 3장이 남는다. 7명에게 똑같이 나눠주면 카드 5장이 남는다. 처음에 빠진 카드는 몇 장일까?

152

주어진 숫자 블록을 사용해 모든 빈칸을 채워보자. 이때 각 가로줄과 세로줄에 들어갈 숫자는 서로 같아야 한다. 예를 들어 첫 번째 가로줄의 숫자가 1-2-3-4-5라면 첫 번째 세로줄의 숫자도 1-2-3-4-5여야 한다. 숫자 블록은 뒤집거나 회전할 수 없으며 지금 놓인 모양 그대로 사용해야 한다. 숫자 블록을 어떻게 배치해야 할까?

153

다음 숫자들 사이에는 사칙연산 부호가 빠져 있다. +, -, ×, ÷만 사용해 등식이 성립하려면 부호를 어떻게 넣어야 할까? 단, 기존의 사칙연산 계산 순서는 고려하지 않으며 왼쪽부터 순서대로 계산한다.

      =

직선 3개를 사용해서 각 조각에 있는 숫자들의 합이 52가 되도록 3조각
으로 나누는 방법은 무엇일까?

```
7    3      7   0      4      3    6   1
     4           1           5 4
     4      0          2     0        2   0
  5       3    6          0      2        5
     1    5       9                 1
  9                                       1
     2       9      5       8   7
                        4  1  0      0
  0    2                                7
    7     0     1  9  7  3     3  1
           2       3          1        8
      3        0    5       8  7       8
         9                  3          4
              7     1       3  2  0
    6                                  3
       0     2     1       3   6   3
```

각 가로줄과 세로줄, 가장 긴 대각선을 더한 값이 모두 같은 숫자가 되도록 숫자를 채워야 한다. 이때 표에 적힌 모든 숫자는 반드시 연속되는 수여야 한다. 빈칸을 어떻게 채워야 할까?

14		
7		
12		

다음 숫자들 사이에는 일정한 규칙이 있다. 다음 순서에 올 숫자는 무엇일까?

2   6   30   210

다음 도형과 수식에는 일정한 규칙이 있다. 물음표 자리에 들어갈 세 자리 숫자는 무엇일까?

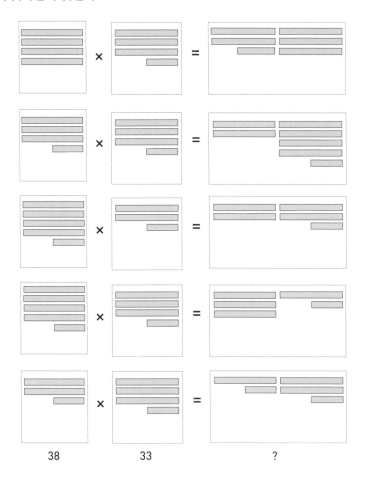

빈칸에 알맞은 숫자와 부호를 넣어보자. 줄 바깥에 있는 숫자는 그 줄의 수식을 모두 계산한 값이다. 기존의 사칙연산 계산 순서는 고려하지 않고 가로줄은 왼쪽부터, 세로줄은 위부터 순서대로 계산한다. 부호는 +와 -, ×만 사용할 수 있으며, 숫자는 이미 칸에 채워진 네 가지만 사용할 수 있다. 숫자나 부호가 연달아 나올 수는 없다. 각 빈칸에 들어갈 숫자 또는 부호는 무엇일까?

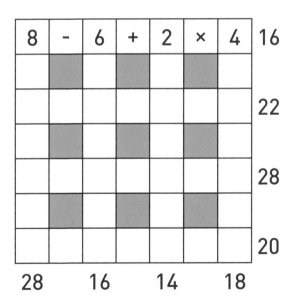

원 안에 적힌 숫자에는 일정한 규칙이 있다. B의 가운데 물음표 자리에
들어갈 숫자는 무엇일까?

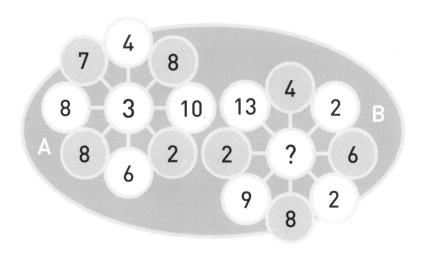

다음 숫자들 중에서 곱하면 118287이 되는 두 숫자는 무엇일까?

| 239 | 351 | 398 | 337 | 219 | 492 | 495 | 486 | 214 | 428 |
| 467 | 208 | 304 | 459 | 454 | 247 | 489 | 204 | 457 | 300 |

도형에 숫자들이 일정한 규칙에 따라 배치되어 있다. 숫자들이 이루는 규칙을 찾아보자. 물음표 자리에 들어갈 숫자는 무엇일까?

9	6	5	10
4	2	3	7
4	6	?	5
8	11	12	7

맨 윗줄에서 출발해 맨 아랫줄까지 도착하는 길을 찾아야 한다. 길을 찾는 열쇠는 '76384'다. 맨 윗줄부터 맨 아랫줄까지 76384가 끊임없이 반복되는 경로가 딱 하나 있는데, 그 경로가 올바른 길이다. 길을 지날 때 좌우와 아래로는 이동할 수 있지만, 위로 되돌아가거나 대각선으로 이동할 수는 없다. 길을 어떻게 지나야 할까?

7	7	8	7	8	7	3	7	6	3	8	7
6	6	6	6	4	6	7	6	3	3	4	6
3	3	3	3	8	3	3	3	8	4	8	3
8	4	8	4	7	8	3	8	6	4	7	8
3	7	3	7	3	4	7	4	7	7	3	4
3	6	3	6	8	3	4	3	6	3	8	4
7	3	7	3	3	8	4	8	6	8	8	4
7	8	7	8	4	8	7	6	7	4	3	8
8	3	8	3	7	7	4	3	3	6	7	3
3	7	4	7	6	3	4	8	7	3	3	4
7	8	7	8	3	7	3	4	7	6	3	4
3	4	3	4	7	3	3	8	3	7	8	4
4	3	4	3	6	7	7	3	4	8	3	7
7	4	7	4	4	3	4	3	3	8	3	6
8	3	8	3	3	7	4	3	8	4	4	7

각 줄 끝에 숫자들이 적혀 있다. 숫자는 그 줄에 색칠해야 하는 칸의 개수를 의미한다. 숫자가 두 개 이상인 경우, 색칠할 칸이 한 칸 이상 떨어져 있다는 뜻이다. 예를 들어 2, 3이라면 두 칸을 색칠한 다음, 한 칸 이상 떨어진 곳에 다시 세 칸을 색칠해야 한다. 규칙에 맞게 색을 칠하면 어떤 숫자들이 나타난다. 그 숫자는 무엇일까?

숫자 1~5만 사용해 모든 빈칸을 채워보자. 이때 칸 사이에 있는 부등호 관계를 만족해야 하며, 각 가로줄과 세로줄에는 같은 숫자가 한 번씩만 들어가야 한다. 빈칸을 어떻게 채워야 할까?

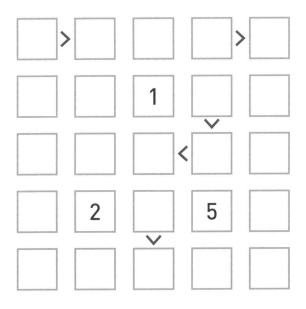

다음 칸들을 같은 크기, 같은 모양의 4조각으로 나누되, 각 조각에 적힌
수를 더한 값은 모두 40이 되어야 한다. 칸을 어떻게 나눠야 할까?

8	2	1	2	2	4
6	3	1	1	6	3
4	9	9	9	3	5
5	7	1	5	5	5
2	7	3	1	6	4
9	7	3	2	3	7

보기 A, B에 각각 나란히 적힌 세 숫자에는 일정한 규칙이 있다. 이 규칙에 따르면, 보기 C의 물음표 자리에 들어갈 숫자는 무엇일까?

A   28 – (45) – 36

B   55 – (78) – 66

C   120 – (?) – 136

숫자를 보고 규칙에 맞도록 문제에 선을 그어보자. 숫자는 인접한 네 점을 잇는 선의 개수를 나타낸다. 단, 선을 그어 완성된 도형은 하나의 폐쇄된 모양을 이루어야 하며, 대각선으로 선을 그을 수는 없다. 선을 어떻게 그어야 할까?

```
•   •   •   •   •   •   •   •   •   •
  1   1       2       3       1
•   •   •   •   •   •   •   •   •   •
                1   0       1       2
•   •   •   •   •   •   •   •   •   •
  2       1       2   3       2
•   •   •   •   •   •   •   •   •   •
                2   2           3
•   •   •   •   •   •   •   •   •   •
      0           3       3       1
•   •   •   •   •   •   •   •   •   •
          0           2   2       1
•   •   •   •   •   •   •   •   •   •
  3       2   0
•   •   •   •   •   •   •   •   •   •
  1                           0   1
•   •   •   •   •   •   •   •   •   •
            0               1       1
•   •   •   •   •   •   •   •   •   •
  1   2           3               1   2
•   •   •   •   •   •   •   •   •   •
```

562 다음에 이어질 세 숫자를 빈칸에 넣어 여섯 자리 숫자 여섯 개를 만들어 보자. 만들어진 여섯 자리 숫자는 모두 61.5로 나누어떨어진다. 각 빈칸에 들어갈 숫자는 무엇일까?

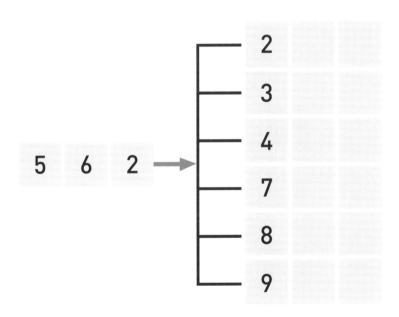

빈칸에 알맞은 숫자와 부호를 넣어보자. 줄 바깥에 있는 숫자는 그 줄의 수식을 모두 계산한 값이다. 기존의 사칙연산 계산 순서는 고려하지 않고 가로줄은 왼쪽부터, 세로줄은 위부터 순서대로 계산한다. 부호는 +와 -, ×만 사용할 수 있으며, 숫자는 이미 칸에 채워진 네 가지만 사용할 수 있다. 숫자나 부호가 연달아 나올 수는 없다. 각 빈칸에 들어갈 숫자 또는 부호는 무엇일까?

8	×	3	+	7	-	9	22
	▨		▨		▨		
							22
	▨		▨		▨		
							68
	▨		▨		▨		
							68
44		20		24		28	

다음 식은 10진법 수식이지만, 숫자는 10진법이 아닌 다른 진법으로 쓰여 있다. 이 계산에서는 어떤 진법이 사용되었을까?

$$103 * 31 = 3313$$

숫자를 보고 숨은 지뢰들을 찾아 표시해 보자. 숫자는 상하좌우 및 대각선 한 칸 이내에 있는 지뢰의 개수를 나타낸다. 지뢰들은 어느 칸에, 몇 개나 있을까?

1				2		4				
	3	3	3		3	3		4	2	2
					2					
		3	3		2		1			
2								2		
0			2	2		0	2			2
			1	1			2	3		
1						0	0			
2	3				1				3	
	3			2		1	1	3		2
			3	3				4		2
	2	0			2	1			2	

모든 칸에는 각각 고유의 값이 있다. 칸의 값은 도형의 변의 개수와 도형 안의 숫자를 곱한 것이다. 예를 들어 정사각형 안에 숫자 4가 있는 칸의 값은 16이다. 그렇다면, 표에서 가로 2칸, 세로 2칸(2×2)의 값이 50이 되는 곳은 어디일까?

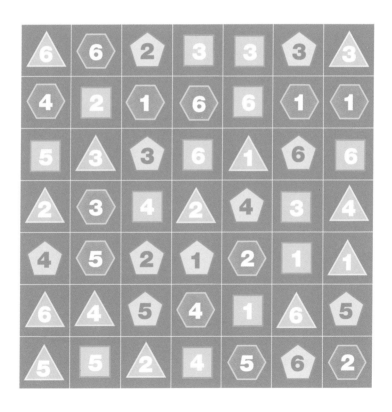

주어진 숫자 블록을 사용해 모든 빈칸을 채워보자. 이때 각 가로줄과 세로줄에 들어갈 숫자는 서로 같아야 한다. 예를 들어 첫 번째 가로줄의 숫자가 1-2-3-4-5라면 첫 번째 세로줄의 숫자도 1-2-3-4-5여야 한다. 숫자 블록은 뒤집거나 회전할 수 없으며 지금 놓인 모양 그대로 사용해야 한다. 숫자 블록을 어떻게 배치해야 할까?

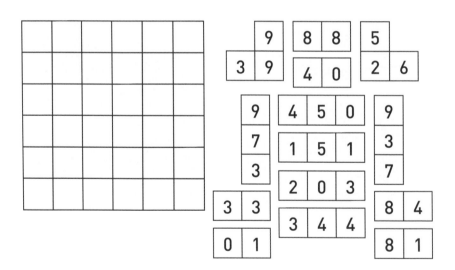

174

도형에 숫자들이 일정한 규칙에 따라 배치되어 있다. 숫자들이 이루는 규칙을 찾아보자. 물음표 자리에 들어갈 숫자는 무엇일까?

5		8
	93	
16		7

17		9
	49	
13		4

8		13
	?	
5		4

각 색깔은 어떤 숫자를 나타낸다. 줄에 있는 색깔을 모두 더하면 줄 바깥에 있는 숫자가 나온다. 물음표 자리에 들어갈 숫자는 무엇일까?

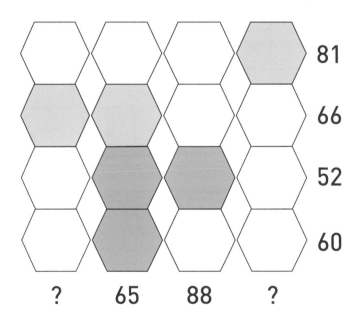

빈칸에 숫자를 채워보자. 숫자는 이미 채워진 숫자를 포함해 1부터 16까지 중복 없이 한 번씩만 들어갈 수 있다. 각 가로줄과 세로줄, 가장 긴 대각선의 숫자를 더한 값은 각각 34로 같아야 한다. 숫자를 어떻게 채워야 할까?

5	3		
		2	

같은 색깔인 조각은 서로 같은 값을 나타낸다. 다음 도형에서 서로 마주
보는 네 조각의 값을 모두 더한 뒤 어떤 한 조각의 값으로 나누면 나머지
가 0이 된다. 이 조각은 어느 색일까?

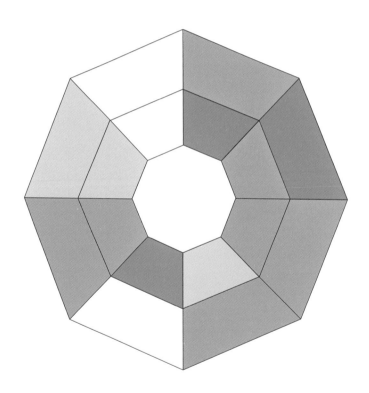

빈칸에 알맞은 숫자와 부호를 넣어보자. 줄 바깥에 있는 숫자는 그 줄의 수식을 모두 계산한 값이다. 기존의 사칙연산 계산 순서는 고려하지 않고 가로줄은 왼쪽부터, 세로줄은 위부터 순서대로 계산한다. 부호는 +와 -, ×만 사용할 수 있으며, 숫자는 이미 칸에 채워진 네 가지만 사용할 수 있다. 숫자나 부호가 연달아 나올 수는 없다. 각 빈칸에 들어갈 숫자 또는 부호는 무엇일까?

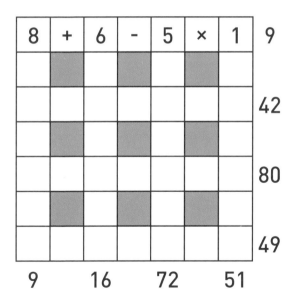

다섯 가지 색깔의 공이 있다. 색깔은 각각 숫자 3, 4, 5, 6, 7을 나타낸다.
마지막 저울이 균형을 이루려면 오른쪽 빈 곳에 빨간색 공을 몇 개 올려
야 할까?

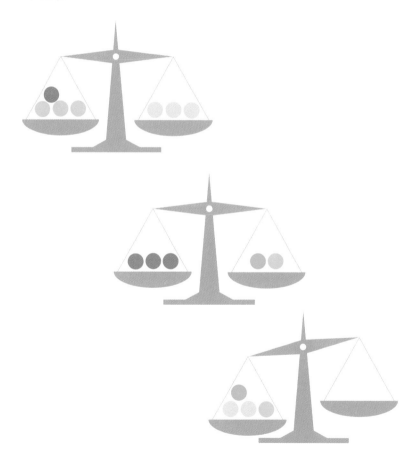

도형에 숫자들이 일정한 규칙에 따라 배치되어 있다. 숫자들이 이루는 규칙을 찾아보자. 물음표 자리에 들어갈 숫자는 무엇일까?

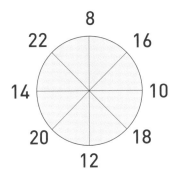

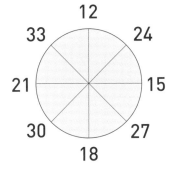

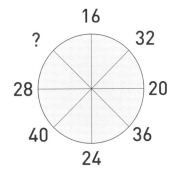

숫자 1~5만 사용해 모든 빈칸을 채워보자. 이때 칸 사이에 있는 부등호 관계를 만족해야 하며, 각 가로줄과 세로줄에는 같은 숫자가 한 번씩만 들어가야 한다. 빈칸을 어떻게 채워야 할까?

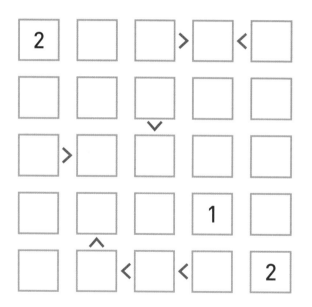

각 가로줄과 세로줄, 가장 긴 두 대각선에 서로 다른 부호가 한 번씩만 들어가도록 빈칸을 채워보자. 빈칸에 부호를 어떻게 넣어야 할까?

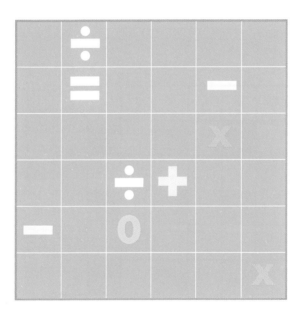

빈칸에 알맞은 숫자와 부호를 넣어보자. 줄 바깥에 있는 숫자는 그 줄의 수식을 모두 계산한 값이다. 기존의 사칙연산 계산 순서는 고려하지 않고 가로줄은 왼쪽부터, 세로줄은 위부터 순서대로 계산한다. 부호는 +와 -, ×만 사용할 수 있으며, 숫자는 이미 칸에 채워진 네 가지만 사용할 수 있다. 숫자나 부호가 연달아 나올 수는 없다. 각 빈칸에 들어갈 숫자 또는 부호는 무엇일까?

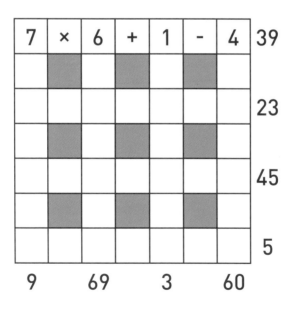

숫자를 보고 규칙에 맞도록 문제에 선을 그어보자. 숫자는 인접한 네 점을 잇는 선의 개수를 나타낸다. 단, 선을 그어 완성된 도형은 하나의 폐쇄된 모양을 이루어야 하며, 대각선으로 선을 그을 수는 없다. 선을 어떻게 그어야 할까?

```
·   ·   ·   ·   ·   ·   ·   ·   ·   ·
  2           2               0
·   ·   ·   ·   ·   ·   ·   ·   ·   ·
  2       3           1   0
·   ·   ·   ·   ·   ·   ·   ·   ·   ·
    1       1           1           3
·   ·   ·   ·   ·   ·   ·   ·   ·   ·
    1   3       1   1   0           1
·   ·   ·   ·   ·   ·   ·   ·   ·   ·
  2         2       2       1
·   ·   ·   ·   ·   ·   ·   ·   ·   ·
  1   2                     1
·   ·   ·   ·   ·   ·   ·   ·   ·   ·
            1   3       1   2
·   ·   ·   ·   ·   ·   ·   ·   ·   ·
  2   3               1   3   2   3
·   ·   ·   ·   ·   ·   ·   ·   ·   ·
      0
·   ·   ·   ·   ·   ·   ·   ·   ·   ·
    1       1   1       2   2
·   ·   ·   ·   ·   ·   ·   ·   ·   ·
```

숫자를 보고 숨은 지뢰들을 찾아 표시해 보자. 숫자는 상하좌우 및 대각선 한 칸 이내에 있는 지뢰의 개수를 나타낸다. 지뢰들은 어느 칸에, 몇 개나 있을까?

		3	2				1		2	2	
3					3			2			3
2		3	2	3		4					
	3			1	3			3		3	
2	4					3			1		
	3					2		2	1	0	
1				1	1					1	
		2				1					
2		0		2				1	2		
		2			1				2		2
2	3				1	2			3		1
		2	1		1				3		

가로줄과 세로줄에 다섯 색이 중복되지 않도록 칸을 채워야 한다. 이때 각 가로줄과 세로줄에서 한 칸씩은 비워둔다. 바깥에 있는 색은 그 줄에서 가장 가까운 칸에 배치되는 색을 나타낸다. 칸을 어떻게 채워야 할까?

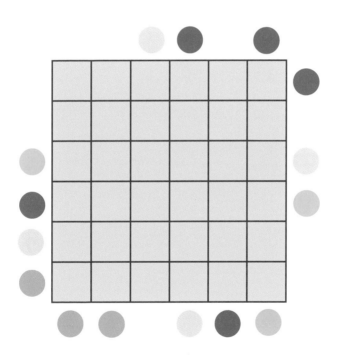

초록색 삼각형은 나무, 주황색 삼각형은 텐트를 나타낸다. 나무 한 그루와 텐트 하나는 짝을 이룬다. 즉 모든 나무의 수평 또는 수직으로 인접한 칸에는 텐트가 하나씩 배치된다. 이때 어떤 텐트도 다른 텐트와 수평, 수직, 대각선으로 인접한 칸에 있을 수 없다. 가로줄과 세로줄 바깥의 숫자는 그 줄에 있어야 할 텐트의 개수를 나타낸다. 텐트를 어디에 놓아야 할까?

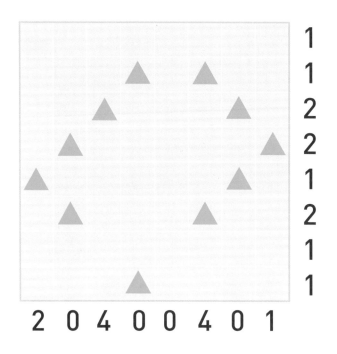

188

빈칸에 알맞은 숫자와 부호를 넣어보자. 줄 바깥에 있는 숫자는 그 줄의 수식을 모두 계산한 값이다. 기존의 사칙연산 계산 순서는 고려하지 않고 가로줄은 왼쪽부터, 세로줄은 위부터 순서대로 계산한다. 부호는 +와 -, ×만 사용할 수 있으며, 숫자는 이미 칸에 채워진 네 가지만 사용할 수 있다. 숫자나 부호가 연달아 나올 수는 없다. 각 빈칸에 들어갈 숫자 또는 부호는 무엇일까?

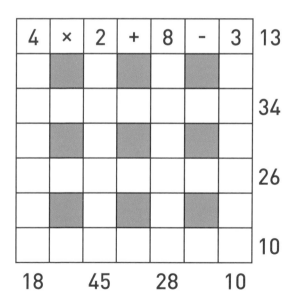

주어진 숫자 블록을 사용해 모든 빈칸을 채워보자. 이때 각 가로줄과 세로줄에 들어갈 숫자는 서로 같아야 한다. 예를 들어 첫 번째 가로줄의 숫자가 1-2-3-4-5라면 첫 번째 세로줄의 숫자도 1-2-3-4-5여야 한다. 숫자 블록은 뒤집거나 회전할 수 없으며 지금 놓인 모양 그대로 사용해야 한다. 숫자 블록을 어떻게 배치해야 할까?

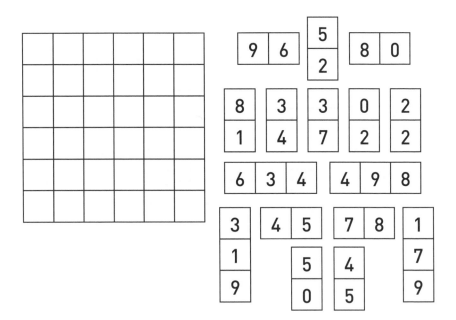

팔이 여러 개 있는 저울이 있다. 이 저울의 가운데에서 두 구간 떨어져 있는 물체의 무게는 가운데에서 한 구간 떨어져 있는 같은 물체보다 두 배 더 무겁다. 제시된 추를 모두 사용해 저울의 전체 균형을 맞춰보자. 추를 어떻게 배열해야 할까?

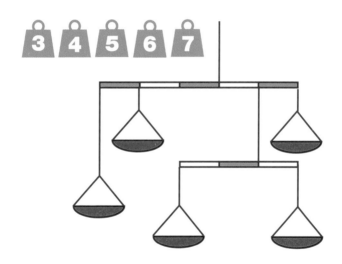

도형에 숫자들이 일정한 규칙에 따라 배치되어 있다. 숫자들이 이루는 규칙을 찾아보자. 물음표 자리에 들어갈 숫자는 무엇일까?

9   3   4   3

57   18

5   6   3   2

6   1   2   8

24   ?

9   2   3   1

각 사람 얼굴은 어떤 숫자를 나타낸다. 바깥에 있는 숫자는 그 줄에 있는 얼굴을 모두 더한 값이다. 물음표 자리에 들어갈 숫자는 무엇일까?

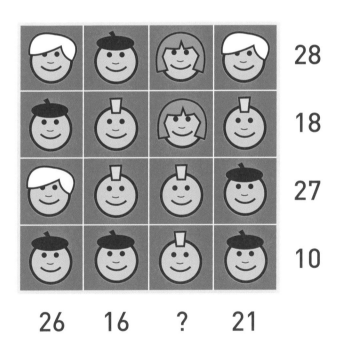

칸의 경계선을 따라 교차하거나 겹치는 지점 없이 한붓그리기로 이어지도록 길을 그려야 한다. 원 색깔은 인접한 칸을 지나는 선이 몇 개인지를 나타낸다. 각 색깔이 의미하는 숫자는 오른쪽에 제시되어 있다. 조건에 맞는 길을 어떻게 그려야 할까?

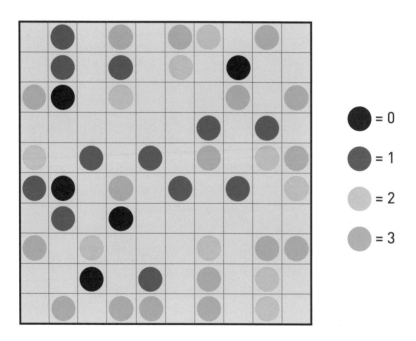

각 가로줄과 세로줄, 가장 긴 대각선을 더한 값이 모두 같은 숫자가 되도록 숫자를 채워야 한다. 이때 표에 적힌 모든 숫자는 반드시 연속되는 수여야 한다. 빈칸을 어떻게 채워야 할까?

5	10	9

주사위와 숫자 사이에는 일정한 규칙이 있다. 물음표 자리에 들어갈 숫자는 무엇일까?

빈칸에 알맞은 숫자와 부호를 넣어보자. 줄 바깥에 있는 숫자는 그 줄의 수식을 모두 계산한 값이다. 기존의 사칙연산 계산 순서는 고려하지 않고 가로줄은 왼쪽부터, 세로줄은 위부터 순서대로 계산한다. 부호는 +와 -, ×만 사용할 수 있으며, 숫자는 이미 칸에 채워진 네 가지만 사용할 수 있다. 숫자나 부호가 연달아 나올 수는 없다. 각 빈칸에 들어갈 숫자 또는 부호는 무엇일까?

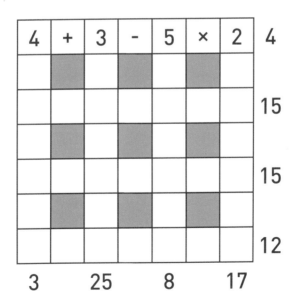

가로줄과 세로줄에 다섯 색이 중복되지 않도록 칸을 채워야 한다. 이때 각 가로줄과 세로줄에서 한 칸씩은 비워둔다. 바깥에 있는 색은 그 줄에서 가장 가까운 칸에 배치되는 색을 나타낸다. 칸을 어떻게 채워야 할까?

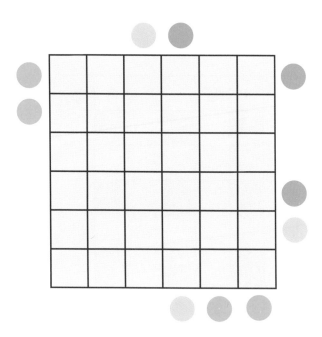

숫자 1~5만 사용해 모든 빈칸을 채워보자. 이때 칸 사이에 있는 부등호 관계를 만족해야 하며, 각 가로줄과 세로줄에는 같은 숫자가 한 번씩만 들어가야 한다. 빈칸을 어떻게 채워야 할까?

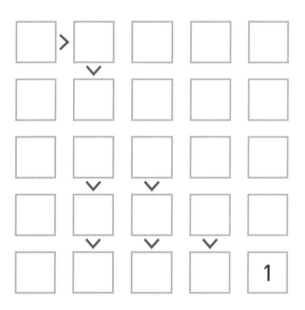

빈칸에 숫자를 채워보자. 삼각형 안에 적힌 숫자는 그 숫자가 속한 가로 줄 또는 세로줄에 적힌 숫자의 합이다. 숫자를 어떻게 채워야 할까?

도형에 숫자들이 일정한 규칙에 따라 배치되어 있다. 숫자들이 이루는 규칙을 찾아보자. 물음표 자리에 들어갈 숫자는 무엇일까?

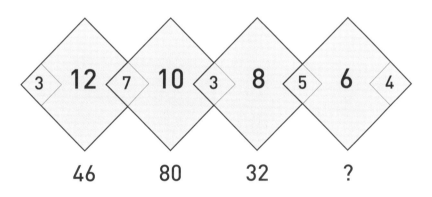

해 답

4

분홍색 원의 숫자들을 모두 곱하고, 초록색 원의 숫자들은 모두 더한다. 분홍색 원을 계산한 값을 초록색 원을 계산한 값으로 나눈다. 따라서 물음표 자리에 들어갈 숫자는 $3 \times 2 \times 4 \times 2 = 48$, $1 + 6 + 2 + 3 = 12$, $48 \div 12 = 4$가 된다.

002

1

알파벳은 왼쪽 위부터 순서대로 배치되어 있고, 숫자는 위쪽 두 숫자를 더한 값을 아래쪽 칸에 순서대로 넣는 규칙이다. 예를 들어 $9(A) + 3(B) = 12(KL)$가 된다. 따라서 물음표 자리에 들어갈 숫자는 $8(E) + 9(F) = 17(OP)$이므로 1이다.

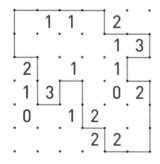

7과 13

$7^2(49) + 13 = 62$

$7 + 13^2(169) = 176$

$62 + 176 = 238$

3	×	4	-	8	+	1	5
+		+		-		+	
1	+	3	×	4	-	8	8
×		-		×		-	
8	+	1	-	3	×	4	24
-		×		+		×	
4	×	8	-	1	+	3	34
28		48		13		15	

2

각 가로줄과 세로줄에는 흰색 원이 2개씩 배치되고, 그 줄에 있는 숫자를 모두 더하면 5가 된다.

007

●	2		●		1	1
●	2	1		2	●	
		1		1		●	1
●	●	3				3	3
●	4	●	●		1	●	●
		2		2			
	1		3	●	1	0	
		●	●				

010

9	5	6	3	1
5	3	4	2	1
6	4	6	8	0
3	2	8	3	7
1	1	0	7	9

011   A : 8, B : 18

바퀴 A에서 마주 보는 두 숫자를 빼면
모두 8이 된다.

바퀴 B에서 마주 보는 두 숫자를 더
하면 모두 18이 된다.

008   42

모음(A, E, I, O, U)에는 2점, 자음에는
1점을 매긴 뒤 모음의 합과 자음의 합
을 곱한다. 워싱턴(WASHINGTON)의
모음은 3개이고 자음은 7개이므로 6×
7=42가 된다.

012

009

```
4 2 2 3 4 4 4 3 4 4 4
4 4 3 4 2 2 2 2 2 2 2
2 3 2 2 3 3 3 2 4 3 3
3 2 3 2 2 3 2 2 2 2 2
3 4 3 2 2 2 4 3 2 4 2
3 3 2 2 3 3(4 2 2 3 2)2
4 3 2 2 2 2 3 2 2 3 3
2 4 3 4 3 3 2 2 3 3 4
3 4 4 4 2 2 3 2 2 2 2
4 2 2 2 3 3 2 4 3 3 3
2 4 3 2 4 4 4 4 2 2 2
3 2 3 2 2 3 4 3 3 2 3 4
```

013

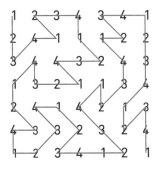

018

8	+	5	-	3	×	6	60
+		×		+		-	
6	+	8	-	5	×	3	27
-		+		×		×	
3	+	6	-	8	×	5	5
×		-		-		+	
5	×	3	-	6	+	8	17
55		43		58		23	

014

2	1	15	16
14	13	3	4
11	8	10	5
7	12	6	9

015 **5가지**

016 **11가지**

017 **162, 313, 464, 615, 766, 917**

019 **37점**

7+8+9+5+8=37, 9+9+8+5+6
=37

020 **2년 뒤**

2년 뒤 행성 B는 궤도상에서 60도 위
치에 있고, 행성 A는 궤도상에서 240도
위치에 있다. 태양은 그 중간에 있다.

021 **36**

사각형 모서리에 있는 네 숫자를 모두
더하면 가운데 숫자가 나온다.

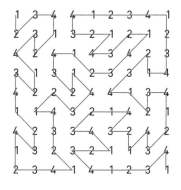

023

E G G

알파벳은 순서에 해당하는 숫자를 나타낸다. 즉 A=1, B=2, …Z=26이다. 오른쪽에 있는 알파벳은 윗줄에 있는 숫자와 중간 줄에 있는 숫자를 더했을 때, 아랫줄에 있는 숫자를 만들기 위해 추가적으로 필요한 수를 의미한다. 예를 들어 첫 번째 표에서 윗줄과 중간 줄을 더하면 6173+1354=7527이며, 아랫줄의 7709가 되려면 182를 추가로 더해야 한다. 따라서 오른쪽 알파벳은 AHB(182)이다. 같은 규칙으로 빈칸을 계산하면 2292+4309+?=7178

이므로 더해야 할 수는 577, 즉 EGG가 된다.

975310

A : 24, B : 5

바퀴 A에서 서로 마주 보는 두 숫자를 곱하면 24가 된다.

바퀴 B에서 서로 마주 보는 두 숫자를 나누면 5가 된다.

16+2÷3×1=6

028

2	5	1	6	4	3
4	6	3	2	1	5
6	3	5	4	2	1
3	4	6	1	5	2
1	2	4	5	3	6
5	1	2	3	6	4

031

●		1		●	3	●
2	●				●	2
1			1			2
1		●				●
	●	2		1	3	●	3
●	3			●		2	●
	●		2		2	2	2
	1	2	●			●	

029

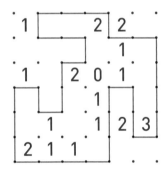

032

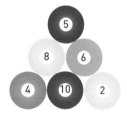

030 19

위 모서리의 두 숫자를 곱한 값과 아래 모서리의 두 숫자를 곱한 값을 더한다. 따라서 물음표 자리에 들어갈 숫자는 (2×8)+(3×1)=19가 된다.

033 Y

알파벳은 알파벳 순서를 거꾸로 한 숫자(예: Z=1, …, A=26)를 나타낸다. 알파벳은 차례대로 윗줄, 중간 줄, 아랫줄의 숫자를 계산한 값을 의미한다. 규칙은 처음 두 숫자를 더하고, 마지막 두 숫자는 빼는 것이다. 따라서 5+8−

3-8=2이므로 Y, 9+9-8-2=8이므로 S가 된다. 물음표 자리에 들어갈 알파벳은 4+1-0-3=2이므로 Y이다.

034

```
8 8 7 6 2 5 5 [4] 5 4 4 7 0 0 1
1 2 3 1 3 5 0 [1] 5 7 6 1 2 0 8
6 9 2 5 2 8 1 [8] 0 2 7 9 5 3 9
8 7 0 9 1 7 2 [9] 3 5 3 8 9 2 0
1 0 2 6 0 3 9 [1] 6 7 0 7 1 7 6
9 8 1 5 9 9 5 [6] 5 0 3 2 9 0 0
3 0 7 2 9 1 8 [0] 7 7 8 0 7 6 9
7 8 5 3 2 6 0 [8] 9 2 9 9 1 2 0
2 9 1 7 0 7 7 [1] 9 7 8 3 0 0 9
1 0 3 2 5 0 5 [2] 5 1 6 7 2 8 9
6 2 9 0 9 6 0 [9] 1 3 8 5 0 7 9
9 0 9 8 5 0 3 [2] 9 1 0 9 9 1 0
```

035

7	+	3	-	4	×	6	36
×		+		+		×	
3	×	6	-	7	+	4	15
+		×		-		+	
4	+	7	-	6	×	3	15
-		-		×		-	
6	×	4	-	3	+	7	28

19   59   15   20

036

1	3	0	5	1
3	2	6	2	7
0	6	4	9	4
5	2	9	5	8
1	7	4	8	7

037

1D	1R	2D	3L
1R	3D	1R	1U
open	(2U)	1U	2D
1D	2R	2L	1U
2U	1U	1U	1L

038

14	7	33	18	23		29	24	11
3	2	4	1	6	21	4	8	9
7	4	8	5	9	10/35	1	7	2
4	1	5	3	8	6	2	9	
	8/19	1	7	17/15	9	8	21	8
44/7	7	6	2	4	8	5	9	3
6	1	3	2	15	2	5	3	4	1
22	6	9	7	34	9	7	6	8	4

040 **42**

위 숫자와 아래 숫자를 각각 십의 자리, 일의 자리로 하는 두 자릿수 A를 만든다. 그다음 마찬가지로 왼쪽 숫자와 오른쪽 숫자를 각각 십의 자리, 일의 자리로 하는 두 자릿수 B를 만든다. 마지막으로 A와 B를 뺀 값을 가운데에 넣는다. 따라서 물음표 자리에 들어갈 숫자는 96−54=42가 된다.

041 **15, 17, 24**

17	4	17	5	17
4	17	17	17	5
17	17	12	7	7
15	7	7	7	24
7	15	7	24	7

042

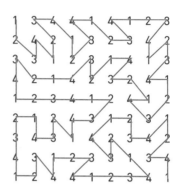

043

10	9	14
15	11	7
8	13	12

044

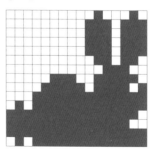

045

	●	1	0		0		0
●	2						1
2			●	●	●		1
●		2		2			2
	●	●	2	1	3	●	
3	●	3			●		3
●	2	1		1		3	●
1					1	●	

048

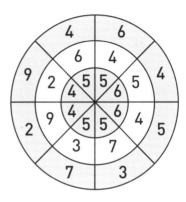

046

8	1	4	1	3
1	6	3	2	1
4	3	5	9	0
1	2	9	2	7
3	1	0	7	2

049

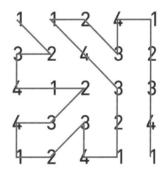

047

9	-	6	+	3	×	7	42
×		-		+		+	
7	-	3	+	6	×	9	90
-		×		×		-	
6	+	7	-	9	×	3	12
+		+		-		×	
3	×	9	-	7	+	6	26
60		30		74		78	

050   2

파란색 원에 있는 숫자들의 합을 초록
색 원에 있는 숫자들의 합으로 나눈다.
따라서 물음표 자리에 들어갈 숫자는

60÷30=2가 된다.

28

A와 D의 같은 자리에 있는 숫자끼리
더한 값을 C에 넣고, B와 C의 같은 자
리에 있는 숫자끼리 더한 값을 E에 넣
는 규칙이다. 따라서 물음표 자리에 들
어갈 숫자는 17+11=28이 된다.

052 **72**

⬡=15, ⬡=18, ⬡=19, ⬡=20
이다.

053

15	6	9	4
14	1	12	7
3	16	5	10
2	11	8	13

054

055

056 **5개**

●=1, ●=2, ●=3, ●=4, ●=5
이다.

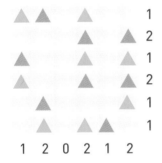

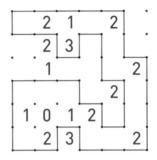

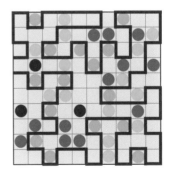

057

1	×	9	+	7	-	2	14
+		×	+		×		
2	-	1	+	9	×	7	70
×		+		-		+	
9	×	7	-	2	+	1	62
-				×		-	
7	+	2	-	1	×	9	72
20		14		14		6	

로 나눈 값을 사각형 가운데에 넣는다.
따라서 물음표 자리에 들어갈 숫자는
78−24=54, 54÷2=27이 된다.

058

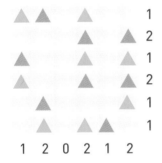

1
2
1
2
1
1

1　2　0　2　1　2

059　27

위 모서리의 두 숫자를 나란히 놓아 두
자릿수를 만들고, 아래 모서리의 숫자
도 같은 방식으로 두 자릿수를 만든다.
위 숫자에서 아래 숫자를 뺀 뒤 반으

060

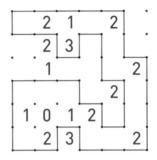

061

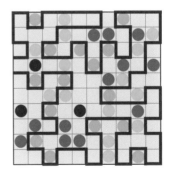

3	●					
●	●	2		2	●	2
	3			●	3	●
	●		2	2		1
3	3	2		●	4		2
●	●			●	●	●	●
	2			2	4	4	
						●	

5	5	5	3	1
5	6	7	7	2
5	7	8	4	5
3	7	4	2	6
1	2	5	6	8

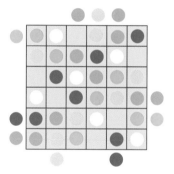

066

067 **2900mm²**

그림에서 나뉘어 있는 각 정사각형
은 400mm²를 나타낸다. 5개의 정사
각형과 그 정사각형을 반으로 나눈 4
개의 삼각형(나뭇잎 부분), 절반 넓이
의 정사각형 2개(줄기 부분)를 더하면

3200mm^{2}이다. 여기에서 정사각형의 8분의 1 넓이에 해당하는 작은 삼각형 6개(오렌지 부분) 300mm^{2}를 뺀다.

068

4	9	2
3	5	7
8	1	6

069   주황색

세 숫자를 더한 값이 짝수이면 주황색, 홀수이면 분홍색이다.

070

7	−	4	+	2	×	8	40
+		×		×		+	
8	×	2	+	7	−	4	19
×		−		−		×	
2	×	8	−	4	+	7	19
−		+		+		−	
4	×	7	+	8	−	2	34
26		7		18		82	

071

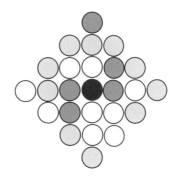

072   분홍색

△=8, △=3, △=4, △=7이다. 문제의 도형에서 마주 보는 조각 4개의 합은 모두 7의 배수가 된다.

073   4

위 모서리의 두 숫자를 더한 값에서 아래 모서리의 두 숫자를 더한 값을 빼 사각형 가운데에 넣는다. 따라서 물음표 자리에 들어갈 숫자는 (11+22)−(16+13)=4이다.

225

074

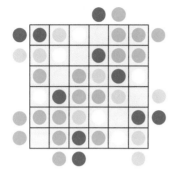

076

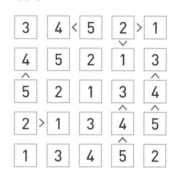

075

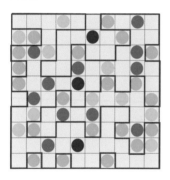

077 **4113**

이다.

078 **16가지**

079

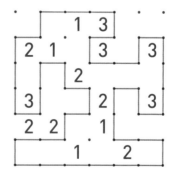

080

8	+	3	−	2	×	1	9
+		+		×		×	
2	+	1	×	8	−	3	21
−		×		−		−	
1	×	8	−	3	+	2	7
×		−		+		+	
3	+	2	−	1	×	8	32
27		30		14		9	

081

1	●	●	2	●	1		1	●	1
	2			3				2	2
	1		●		●	2	2	3	●
	●	2		2			●	●	2
2	2	1	0			2			
●					●	2	1	●	●
	2	1	●			●	2		3
●			1		2		1	2	●
●	3	2			●	2	2	●	3
2	●		●	2	1		●		●

082 6

노란색 원 안의 숫자를 모두 더한 값에서 분홍색 원 안의 숫자를 모두 더한 값을 빼 바퀴 가운데에 넣는다.

083

	4	10	28	28		10	41	5	16
11	1	3	2	5	14/10	2	4	1	7
45	3	7	5	8	2	1	6	4	9
		34	6	9	8	4	7		
	23/9	9	3	6	12	3	9	10/7	
12	8	3	1	10	15/8	5	1	2	
29	9	5	7	8	12	6	2	3	1
13	6	1	4	2	27	9	8	6	4

084 132

⬡=27, ⬡=30, ⬡=35, ⬡=40 이다.

085

3	9	7	8	6
9	8	2	4	3
7	2	5	1	1
8	4	1	9	9
6	3	1	9	0

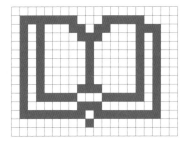

10	2	15	7
11	3	6	14
8	16	9	1
5	13	4	12

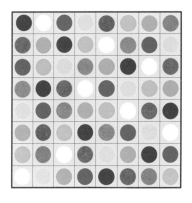

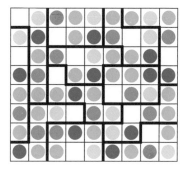

091 7

왼쪽 위 숫자에서 가운데 숫자를 뺀다.
그 숫자에 2를 곱하면 오른쪽 위 숫자
가 된다. 오른쪽 위 숫자에 5를 더하면
아래 숫자가 된다. 따라서 물음표 자리
에 들어갈 숫자는 (12−?)×2=10이므
로 7이다.

088 4개

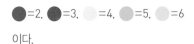

●=2, ●=3, ●=4, ●=5, ●=6
이다.

092

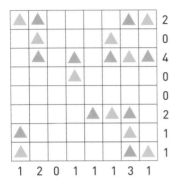

095

8	+	3	×	1	-	9	2
×		-		×		+	
3	+	1	×	9	-	8	28
+		+		+		-	
1	×	9	-	8	+	3	4
-		×		-		×	
9	×	8	+	3	-	1	74
16		88		14		14	

093

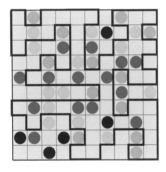

094 **2411**

=1, =2, =3, =4이다.

096

097 **3**

왼쪽 위 모서리와 아래 모서리의 숫자를 더하고, 오른쪽 위 모서리와 아래 모서리의 숫자를 더한다. 합이 더 큰 수에서 합이 작은 수를 뺀 값을 가운데에 넣는다. 따라서 물음표 자리에 들어갈 숫자는 (15+5)-(13+4)=3이 된다.

098

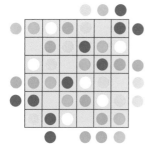

101

	23	12	15		41	29		6	7
10	6	3	1	9	4	5	8	3	5
11	8	1	2	12	5	7	17/3	1	2
20	9	8	3	25/27	8	9	6	2	
	31/18	5	9	7	8	2	8		20
5/21	5	4	3	9	13	5	1	7	
6	2	4	10	8	2	17	3	5	9
12	3	9	13	7	6	7	1	2	4

099

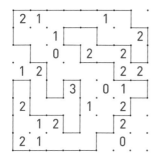

100

102 C

각 가로줄과 세로줄에는 초록색 사각형이 2개씩, 알파벳 G가 1개씩 있으며 줄에 있는 모든 숫자의 합은 8이다.

103

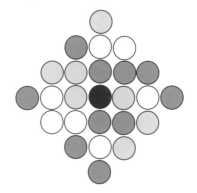

		●				0		●
	2	●	●	2	1	2	3	●
●		4	4			●	3	●
2	●		●	●	4	●		1
		3	3	3	●			1
1		●	1	1		0		●
	●	3	2		1	0	1	
	3	●		3	●		2	
	●	4	●	4	●	●		
	2	●		●	3	3		1

107 −16

왼쪽 모서리의 숫자들을 더한 값에서 오른쪽 모서리의 숫자들을 더한 값을 뺀다. 그 값을 가운데에 넣는다. 따라서 물음표 자리에 들어갈 숫자는 (2+13)−(21+10)=(−16)이다.

105

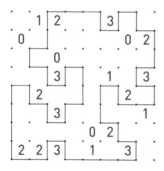

108

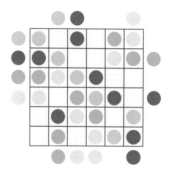

106 노란색

=4, =13, =8, =3이다.
문제의 도형에서 마주 보는 조각 4개의 합은 모두 4의 배수가 된다.

109

9	8	1	2	5
8	6	4	3	4
1	4	5	2	8
2	3	2	1	1
5	4	8	1	6

110

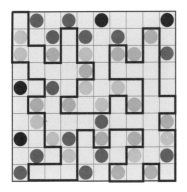

113

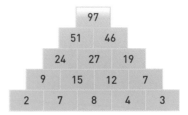

114

23	18	19
16	20	24
21	22	17

111

7	×	4	-	8	+	6	26
+		×		-		+	
4	×	6	+	7	-	8	23
-		-		×		-	
8	-	7	+	6	×	4	28
×		+		+		×	
6	+	8	-	4	×	7	70
18		25		10		70	

115   B

보기 B에 있는 점들이 나타내는 값을
계산하면 2+5+8+13+18+21=67
이다.

112   30가지

116 **19**

위쪽의 두 숫자를 곱한 값과 아래쪽의 두 숫자를 곱한 값을 더해 가운데에 넣는다. 따라서 물음표 자리에 들어갈 숫자는 (2×8)+(3×1)=19가 된다.

117 **59**

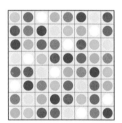⬡=11, ⬡=12, ⬢=14, ⬢=23 이다.

118

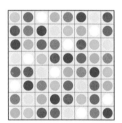

119

	16	37	11	17		29	6	28	
25	6	2	8	9	8/35	5	2	1	
36	3	5	2	8	6	7	1	4	34
7	2	4	1	33/11	9	8	3	7	6
13	4	9	19/15	3	7	9	12/14	3	9
15	1	3	4	2	5	23/12	9	6	8
	42	6	2	1	8	9	4	5	7
	22	8	9	5	10	3	1	2	4

120

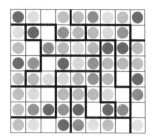

121 **3개**

⬤=1, ⬤=2, ⬤=3, ⬤=4, ⬤=5 이다.

122

8	×	5	−	7	+	9	42
×		+		−		+	
9	+	7	×	5	−	8	72
−		−		+		−	
5	×	9	−	8	+	7	44
+		×		×		×	
7	×	8	−	9	+	5	52
74		24		90		50	

123 6

육각형 바깥에 있는 숫자의 합과 안에 있는 숫자의 합은 같다. 따라서 물음표 자리에 들어갈 숫자는 (5+8+3+2+9+4)=(1+9+6+2+7+?)이므로 6이 된다.

127

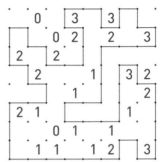

124

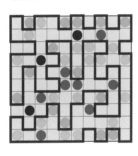

125 45가지

128

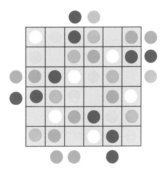

126

129 18

왼쪽 위 모서리의 숫자와 오른쪽 아래 모서리의 숫자를 더한다. 그 값에서 오른쪽 위 모서리의 숫자와 왼쪽 아래 모서리의 숫자를 더한 값을 빼 가운데에

넣는다. 따라서 물음표 자리에 들어갈
숫자는 (31+35)−(23+25)=18이 된다.

바퀴 C는 20바퀴를 돈다.

		▲		▲	▲		▲	2
		▲					▲	1
				▲	▲			1
▲	▲						▲	2
			▲				▲	1
							▲	1
			▲	▲			▲	1
▲	▲							1

1 2 0 0 4 0 1 2

2	+	4	×	7	−	6	36
+		+		×		+	
6	×	7	−	4	+	2	40
−		−		+		×	
4	×	2	+	6	−	7	7
×		×		−		−	
7	×	6	+	2	−	4	40

28   54   32   52

132

28바퀴

톱니바퀴 A가 28바퀴를 돌아 제자리에
오는 동안 톱니바퀴 B는 35바퀴, 톱니

1	9	3	2	1
9	5	7	6	3
3	7	4	0	5
2	6	0	9	8
1	3	5	8	7

7	10	15	2
14	5	4	11
1	16	9	8
12	3	6	13

136

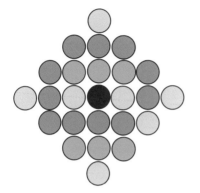

138

1	×	8	-	2	+	9	15
×		-		×		-	
8	×	2	+	9	-	1	24
-		×		+		+	
2	×	9	-	1	+	8	25
+		+		-		×	
9	×	1	-	8	+	2	3
15		55		11		32	

137

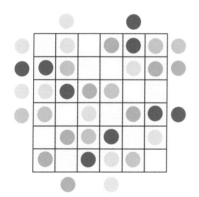

139

●	1	1		●	2	●			
1		●		3	2				0
	1		●	2	●	1	1	1	
	2		2		1			●	
1	●	●					●	●	●
			●	3	2			3	2
	0		2	●	●		2		2
			3	5	●	●		●	●
1	1		●	●			4	5	●
●	1			2	1		●	●	2

140 2

각 모서리에서 마주 보는 두 숫자를
더한 뒤, 둘 중 큰 값을 작은 값으로
나눠 가운데에 넣는다. 따라서 물음
표 자리에 들어갈 숫자는 (38+20)÷

(11+18)=20이다.

141

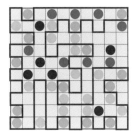

142

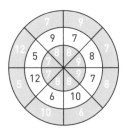

143

1	3 <	4 <	5	2
2	4	1	3	5
5	2 <	3 >	1	4
4	1	5	2	3
3	5	2	4	1

144

	2	2	1		2	2		
			2			2	2	
1	1			2				
				1		0		
	1	2	2					
	1			1	1	3		
		1	3					
2	2		2	3			3	

145   9 × 2 × 3 ÷ 9 = 6

146

4	+	9	−	1	×	2	24
×		×		×		−	
9	×	2	+	4	−	1	21
+		−		+		×	
2	−	1	+	9	×	4	40
−		+		−		+	
1	×	4	−	2	+	9	11
37		21		11		13	

147   비서 부서 : 1,050파운드, 영

업 부서 : 1,050파운드, IT 부서 : 630파

운드, 관리 부서 : 1,260파운드

		●	3	●			●	
1	●	●			1	1		1
	3	2		0			1	0
●				1		1	●	3
		2	●	2			●	●
0		●			●	2	3	4
		2	●		2	●	●	●
●	2	2	2			3	●	3
3	●			●	4	●	3	●
	●	2	2	●	4	●	1	

$4 \times 7 \div 2 + 8 + 9 \times 6 \div 3 = 62$

10

첫 번째 삼각형에 있는 모든 숫자에 2를 더해 다음 삼각형의 같은 위치에 놓는다. 그다음 두 번째 삼각형에 있는 모든 숫자에서 3을 빼 다음 삼각형의 같은 위치에 놓는다. 이렇게 +2, −3을 반복하는 규칙이다. 따라서 물음표 자리에 들어갈 숫자는 8+2=10이 된다.

5장

52장에서 5장이 사라진 47장이 남아 있다.

1	7	5	4	3	9
7	2	8	6	0	0
5	8	4	7	1	3
4	6	7	2	8	1
3	0	1	8	6	5
9	0	3	1	5	9

$4 + 4 \times 4 - 4 \div 4 - 4 = 3$

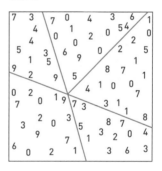

14	9	10
7	11	15
12	13	8

156 2310

각 숫자는 소수를 차례대로 곱한 수다. 즉 첫 번째는 2, 두 번째는 2×3=6, 세 번째는 2×3×5=30인 식이다. 이어질 숫자는 다섯 번째 차례이므로 2×3×5×7×11=2310이 된다.

157 248

▬▬▬=2, ▭=1로 계산한다. 아래 있는 숫자는 해당 위치에 있는 값들을 모두 더한 것이다. 즉 8+7+9+9+5=38, 7+7+5+7+7=33이다. 물음표 자리에 들어갈 숫자를 구하려면 수식을 계산한 결과를 모두 더해 주면 된다. 예를 들어 맨 위 수식은 8×7=56이므로 십의 자리(5), 일의 자리(6)을 선으로 나타낸 것이다. 따라서 정답은 56+49+45+63+35=248이다.

158

159 6

흰 원의 숫자를 모두 더한 값에서 회색 원의 숫자를 모두 더한 값을 뺀 다음 가운데에 넣는다. 따라서 물음표 자리에 들어갈 숫자는 (13+2+2+9)−(4+6+2+8)=6이 된다.

160 337과 351

161 9

첫 번째 사각형에 있는 숫자가 시계 방향으로 자리를 옮겨 다음 사각형에 배치된다. 이때 숫자는 매번 1씩 증가한다.

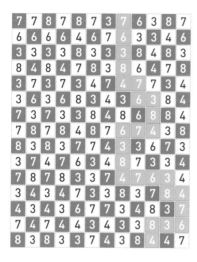

4 > 3	5	2 > 1		

4 > 3   5   2 > 1
3   5   1   4   2
5   1   2 < 3   4
1   2   4   5   3
2   4   3   1   5

8	2	1	2	2	4
6	3	1	1	6	3
4	9	9	9	3	5
5	7	1	5	5	5
2	7	3	1	6	4
9	7	3	2	3	7

```
                1
                1
                1
      5 1 5         5         1
      5 1 5     3 1 5     1 5 5
  3 1 3 ■ ■ □ ■ □ □
1 1 1 1
  3 1 1
1 1 1 1
  3 1 1
─────────────
  3 1 1
1 1 1 1 1
  1 1 3 1
1 1 1 1
  3 1 1
```

166 153

문제에 등장하는 수는 모두 삼각수이다.
삼각수란 1부터 연속하는 자연수를 더
해 만들어지는 숫자를 뜻한다. 예를 들
어 보기 A는 1+2+3+4+5+6+7=28,
1+2+…+8=36, 1+2+…+9=45가

되는 식이다. 순서는 보기 차례대로 왼쪽→오른쪽→가운데이다. 따라서 보기 C의 물음표 자리에 들어갈 숫자는 1+2+…+16+17=153이 된다.

167

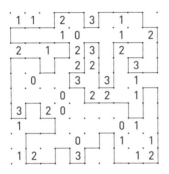

168

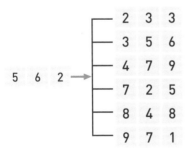

$$5 \quad 6 \quad 2 \rightarrow$$

2 3 3
3 5 6
4 7 9
7 2 5
8 4 8
9 7 1

169

8	×	3	+	7	-	9	22
-		×		+		-	
3	×	7	+	9	-	8	22
×		-		-		+	
7	×	9	+	8	-	3	68
+		+		×		×	
9	×	8	+	3	-	7	68
44		20		24		28	

170 4진법

10진법으로 바꾸면 19×13=247이 된다.

171

1	●		●	2		●	4	●			●
	3	3	3		3	3	●	●	4	2	2
●		●			●	2			●		
●	●	3	3		2		1			●	
2			●	●			●		2	●	
0			2	2		0	2	●	●		2
			1	1				2	3		●
1	●			●			0	0		●	●
2	3				1					3	
●	3	●	●	2			1	1	3	●	2
●			3	3	●			●	4	●	2
●		2	0		●	2	1		●	2	

172

173

3	3	8	8	4	0
3	4	4	1	5	1
8	4	5	2	0	3
8	1	2	6	9	9
4	5	0	9	7	3
0	1	3	9	3	7

174 **33**

대각선에 놓인 숫자끼리 곱한 뒤, 큰 수
에서 작은 수를 빼서 가운데에 넣는다.
따라서 물음표 자리에 들어갈 숫자는
(13×5)−(8×4)=33이다.

175 **53**

⬡=9, ⬡=10, ⬢=16, ⬡=24
이다.

176

5	3	14	12
15	9	2	8
10	16	7	1
4	6	11	13

177 ▱ **흰색**

▱=9, ▱=5, ◢=2, ◣=6이다.
문제의 도형에서 마주 보는 조각 4개의
합은 모두 5의 배수가 된다.

8	+	6	−	5	×	1	9
−		+		+		+	
5	+	1	×	8	−	6	42
+		−		−		×	
6	+	5	−	1	×	8	80
×		×		×		−	
1	+	8	×	6	−	5	49
9		16		72		51	

3개

●=3, ●=4, ●=5, ●=6, ●=7
이다.

44

첫 번째 바퀴의 각 숫자에 $\frac{3}{2}$을 곱하면 두 번째 바퀴의 숫자가 나온다. 그다음 두 번째 바퀴의 각 숫자에 $\frac{4}{3}$를 곱하면 세 번째 바퀴의 숫자가 나온다. 따라서 물음표 자리에 들어갈 숫자는 33×$\frac{4}{3}$=44가 된다.

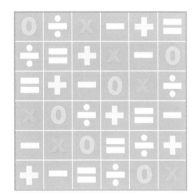

7	×	6	+	1	-	4	39
×		+		×		+	
1	+	4	×	6	-	7	23
+		×		+		-	
6	×	7	+	4	-	1	45
-		-		-		×	
4	×	1	+	7	-	6	5

9   69   3   60

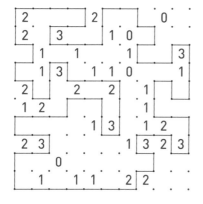

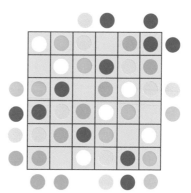

187

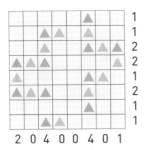

(row clues, top to bottom): 1, 1, 2, 2, 1, 2, 1, 1

(column clues): 2 0 4 0 0 4 0 1

188

4	×	2	+	8	−	3	13
+		+		−		×	
8	+	4	×	3	−	2	34
−		×		+		−	
3	×	8	−	2	+	4	26
×		−		×		+	
2	×	3	−	4	+	8	10
18		45		28		10	

189

4	9	8	1	5	0
9	6	3	7	2	2
8	3	1	9	4	5
1	7	9	6	3	4
5	2	4	3	7	8
0	2	5	4	8	0

190

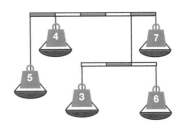

191 19

위쪽의 두 숫자를 곱한 값과 아래쪽의 두 숫자를 곱한 값을 더해 가운데에 넣는다. 따라서 물음표 자리에 들어갈 숫자는 (2×8)+(3×1)=19이다.

192 20

=1, =3, =7, =12

193

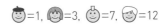

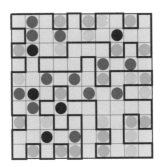

5	10	9
12	8	4
7	6	11

195 **4**

앞면의 수에서 오른쪽 면의 수를 뺀 후
윗면의 수와 곱한다. 따라서 물음표 자
리에 들어갈 숫자는 (3−1)×2=4이다.

196

4	+	3	−	5	×	2	4
+		+		+		+	
2	+	4	−	3	×	5	15
−		−		−		×	
5	−	2	×	4	+	3	15
×		×		×		−	
3	+	5	×	2	−	4	12
3		25		8		17	

197

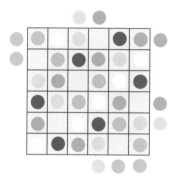

198

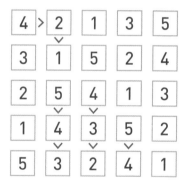

199

	\12	\24	\39			\28	\16	\11
21\	9	8	4	16\	\23 \34	6	8	9
13\	3	7	2	1	\10 \15 4	3	1	2
	41\	9	8	4	5	6	2	7
	35\ 22\	7	6	8	9	5	9\	
32\ 4\	9	6	3	2	7	4	1	16\
11\	1	5	3	2	\30	8	7	6	9
20\	3	8	9		\10	1	2	7

200 39

큰 마름모 4개에는 각각 숫자가 3개씩 들어 있다. 이 중 왼쪽 수와 가운데 수를 곱한 다음, 왼쪽과 오른쪽 숫자를 더한 값이 아래 숫자가 된다. 따라서 물음표 자리에 들어갈 숫자는 (5×6)+5+4=39이다.

옮긴이 이은경

광운대학교 영문학과를 졸업했으며, 저작권에이전시에서 에이전트로 근무했다. 현재 번역에이전시 엔터스코리아에서 출판 기획 및 전문 번역가로 활동하고 있다. 옮긴 책으로는《멘사퍼즐 추론게임》《멘사퍼즐 아이큐게임》《멘사 지식 퀴즈 1000》《수학올림피아드의 천재들》외 다수가 있다.

멘사퍼즐 숫자게임
IQ148을 위한

1판 1쇄 펴낸 날 2023년 2월 20일

지은이 브리티시 멘사
옮긴이 이은경
주간 안채원
책임편집 윤성하
외부 디자인 이가영
편집 윤대호, 채선희, 장서진
디자인 김수인, 김현주, 이예은
마케팅 함정윤, 김희진

펴낸이 박윤태
펴낸곳 보누스
등록 2001년 8월 17일 제313-2002-179호
주소 서울시 마포구 동교로12안길 31 보누스 4층
전화 02-333-3114
팩스 02-3143-3254
이메일 bonus@bonusbook.co.kr

ISBN 978-89-6494-574-2 04410

• 책값은 뒤표지에 있습니다.

IQ 148을 위한
MENSA PUZZLE SERIES

영국 아마존
베스트셀러

30만부
돌파!

과학 분야
베스트셀러

내 안에 잠든
천재성을 깨워라!

대한민국 2%를 위한
두뇌유희 퍼즐

멘사 논리 퍼즐
필립 카터 외 지음 | 250면

멘사 문제해결력 퍼즐
존 브렘너 지음 | 272면

멘사 사고력 퍼즐
켄 러셀 외 지음 | 240면

멘사 사고력 퍼즐 프리미어
존 브렘너 외 지음 | 228면

멘사 수학 퍼즐
해럴드 게일 지음 | 272면

멘사 수학 퍼즐 디스커버리
데이브 채턴 외 지음 | 224면

멘사 수학 퍼즐 프리미어
피터 그라바추크 지음 | 288면

멘사 시각 퍼즐
존 브렘너 외 지음 | 248면

멘사 아이큐 테스트
해럴드 게일 외 지음 | 260면

멘사 아이큐 테스트 실전편

조세핀 풀턴 지음 | 344면

멘사 추리 퍼즐 1

데이브 채턴 외 지음 | 212면

멘사 추리 퍼즐 2

폴 슬론 외 지음 | 244면

멘사 추리 퍼즐 3

폴 슬론 외 지음 | 212면

멘사 추리 퍼즐 4

폴 슬론 외 지음 | 212면

멘사 탐구력 퍼즐

로버트 앨런 지음 | 252면